JN016495

社会科学系のための

鷹揚数学入門

―線形代数篇― ［改訂版］

森川 亮 著

学術図書出版社

鷹揚 とは・・・

「詩経大雅、大明」から。鷹が大空をゆうゆうと飛ぶさまから、ゆったりと振る舞うこと。余裕があって目先の小事にこだわらないこと。また、そのさま。ようよう。「鷹揚な態度」「鷹揚にかまえる」。大様（おおよう）。

『大辞林 第三版』（三省堂）より

① 鷹が空を飛揚するように、何物にも恐れず、悠然としていること。 ② ゆったりと落ち着いていること。大様（おおよう）。「鷹揚に構える」。

『広辞苑 第七版』（岩波書店）より

　細かいことにはあまりこだわらず，鷹が大空から大地を俯瞰するように全体像を大づかみにしてやろう．

　本書はそんな意図をもって書かれている．

まえがき──親愛なる読者へ

　本書は，筆者の為人まで現したような不思議な数学書であろう．時として雑駁なほどに脱線している箇所もあり，哲学から文化からほとんど闇鍋状態のような箇所すらある．がしかし，線形代数なる数学の輪郭と全貌を一瞥し最初の理解を形成するにはほとんど最短コースであると思う．数学的にゴチャゴチャと細かなことは脇に置いて，とにかくイメージを創り上げることができて，必要な概念を一通り習得することができるはずである．

　闇鍋状態の箇所も読者が独自に輪郭を描くことを期待してのことであると同時に，数学という文化と思想の広がりを体感してほしいがためでもある．楽しんでいただければ，あるいは独自の思考と理解，そして視点を構築するための一助にしていただければ本当に幸いである．

　さて，本書は，大方，以下のようなスタイルで著述されている．

　最初は，とにかく行列の計算に慣れることからである．計算の意味するところは問わずに，ただただ天下り的にその規則に習熟する，ということを目的にするのである（第 1 章）．そして次に，その計算について諸々の解釈を施してゆき，意味付けを行ってゆく．すなわち，ただの計算に段階を追って徐々に高度な数学上の概念という衣を纏わせてゆく．読者は，計算に習熟した後から，その計算に具体的な意味が付与されることで，数学的な概念構築がなされてゆく過程を体験してゆくことになる．

　恐ろしく複雑な体系であれば，この方法は逆効果になってしまい，読者にとってはいつまでたっても意味不明に留まる場合があるのだが，幸い，行列の計算は，難解なものではない．当たり前の四則演算ができれば誰にでもできる．また，意味など考えずに，ひたすら行列の計算に集中することはちょっとした

快感でもあろう．読者にあっては，無味乾燥なものに見えた計算が，本書を読み進むうちに徐々に色彩を帯びてゆく過程を楽しんでほしい．

　人にもよるのだが，大学初年次生にとって線形代数は，微積分よりも親しみやすいようである．これは，偏に，計算則さえ覚えてしまえばなんとかなる（なんとかなりそうな気がする），という線形代数に特有の事情に起因するのであろう．そしてまた，この計算則は上記したように確かに簡単である．実際，筆者の経験からしても学生の線形代数の成績は微積分よりも良好である．こんな事情であるからして，読者は，自信をもって本書に挑んでもらいたい．必ず深く理解することができるはずである．

　本書は，読者が熟読することを前提にして書かれている．じっくりしっかりと読んでほしい（姉妹編，微分積分篇の「まえがき」もご一読いただきたい）．「読書百篇意自ずと通ず」である．

　本書の内容を会得すれば，おそらくは通常レベルの理科系の学生と比べて少なくとも線形代数に関しては遜色ないレベルになることを保証しよう．線形代数に関しては，大学初年次にあって既習・未習の差がほとんど出ない（大学生の99％以上が入学時に未習である）．線形代数に関しては，スタートラインはほぼ全員が同じである．読者の奮起を期待したい．

線形 とは · · ·

　さて，「線形代数（Linear Algebra）」という数学であるが，そもそも線形（Linear）とはどういう類のものであろうか？　まずは，これを簡単に解説しておこう．いちおう，数学的に線形性とは以下のように定義される．

　ある変換 f があって，

　　$1：f(x+y) = f(x) + f(y)$

　　$2：f(ax) = af(x)$

となる場合，変換 f は線形性があるとされる．ここで変換 f とはたとえば，関数 $f(x) = x^2$ のようにある x を 2 乗するような変換であったり，本書の第 5 章で主に扱うような行列によるベクトルの変換であったり，様々に考えられるが，とにかくなんらかの数学的操作でもってインプットしたものをアウトプットするようなものとイメージしておけばよい．というか，ほとんどの数学的操作は変換である．――たとえば微分という演算や積分という演算も変換である．

　例として 2 つを引き合いに出そう．1 つは，$f(x) = x$ で，もう 1 つは $f(x) = x^2$ である．この両者を線形性の条件に当てはめて，両者に対して $x \to a + b$，$x \to 2\alpha$ の置き換えを行ってみよう．すると，

　$f(x) = x$ の場合は，

　$f(a+b) = a+b = f(a) + f(b)$ より条件 1 を満たしており，$f(2\alpha) = 2\alpha = 2f(\alpha)$ なので条件 2 も満たしている．すなわち線形性を有する．

　一方，$f(x) = x^2$ の場合は，

　$f(a+b) = (a+b)^2 = a^2 + 2ab + b^2 \neq f(a) + f(b) = a^2 + b^2$ となるので条件 1 は満たさない．また，$f(2\alpha) = 4\alpha^2 \neq 2f(\alpha) = 2\alpha^2$ なので条件 2 も満たさない．したがって線形ではなく非線形である．

　ちなみに微分演算も線形性を有していることを示してみよう．たとえば，1

階微分 $\dfrac{d}{dx}$ についてである（すなわち $\dfrac{d}{dx}$ を変換 f とみなす）．この場合，

$$\frac{d}{dx}(x^3 + x^2) = 3x^2 + 2x = \frac{d}{dx}x^3 + \frac{d}{dx}x^2$$ となって，条件 1 を満たして

おり，なおかつ，$\dfrac{d}{dx}(2x^5) = 10x^4 = 2\dfrac{d}{dx}x^5$ なので条件 2 も満たしている．
したがって微分演算は線形性を持つ演算である．

　さて，勢いで微分にまで話が及んだが，よく言われることは，「直線（もし
くは直線的）である」ということだ（数学として厳密には原点を通る直線でな
ければならない）．もっと雑に述べると，赤を青に変えてくれる変換ならすべ
てに対してそうだということ，気まぐれに赤を緑に変えたり，急に白にしてし
まったりという，言ってみれば曲線的なクセ玉のような変換はしないというこ
とである．さらには，赤にちょっと白を加えて少しだけ薄くした赤にこの変換
を施したら薄くなった割合に応じて青に（それなりに薄い青に）変えてくれる
ということである．また，元の状態を（足し算と掛け算を···）変換の後にも
なんらかの形でもって保存してくれているようなもの，ということでもある．

　われわれの身の回りの機器はほとんど線形である．PC の操作に対する反応
は規則的だし，車の運転も規則的である．反応にブレはない．これに対して生
物の反応は非線形である．「あそぼぉ～」と猫ちゃんに言うと「にゃ～ん」と
寄ってきてくれたり，ときには無視されたり（悲しい···）と様々である（猫
より犬の方が律儀に遊んでくれるので線形性が高い，とも言える）．

　···と，色々と言葉を尽くしてイメージを惹起してみたが，なかなか一言で
述べることは難しい．しかし，端的には，インプットとアウトプットが広い意
味で比例しているということである（こういう意味において直線的である，と
いうことだ），とイメージしておけば，まずまず遠からず，である．

　以上を頭の片隅に入れて本書を紐解いてみよう．

目　　次

行列とその計算

　まず，とりあえずは天下り的に行列という概念を導入し，これの計算と付随する最低限の知識を伝授することにする．

　後から，ここで学習した諸々の計算や知識がなぜ必要になるか，なぜこのような計算方法なのか，ということを振り返ることでその意味するところを確認することにしよう．

　もっとも，本章で展開される計算方法や知識が必要であることの理由を簡単に述べておくと，後ほど，それらを用いて連立方程式を解く，という意図のための道具立てである．連立方程式を解くために，本章で展開される行列なる道具を使用しようというのである．──もちろん，現代にあってはそれだけではないが，線形代数の理論は歴史的にそういう動機から構築されている．

　ともあれ，まずは行列とその計算についてである．

1.　行列——matrix——

　数学上の行列とは，われわれが日常的に街中で見る行列とはいささか異なっている．数学では数字を規則的に並べた以下のようなものを行列と言う．

$$
① \begin{pmatrix} 1 & 2 & 0 & 2 \\ -2 & -3 & 1 & 1 \\ 3 & 2 & -1 & 1 \\ 0 & 1 & 3 & 3 \end{pmatrix} \quad ② \begin{pmatrix} 1 & 2 & 3 & 1 \\ -1 & 2 & 4 & -2 \\ 2 & 3 & -3 & 0 \end{pmatrix} \quad ③ \begin{pmatrix} 1 & 3 & 5 \\ 2 & 4 & 6 \end{pmatrix}
$$

①を4行4列の行列，②を3行4列の行列，③を2行3列の行列と言う（数字は適当である）．ここで，横向きを行，縦向きを列とする．日本語とは行と列が逆になっていることに注意されたい．日本語なら縦を行，横を列としたいところだが，逆になっている理由は簡単である．ここで解説する行列なる概念がヨーロッパで形成されたものだからである．欧文は言語によらず，横書きで上から1行目，2行目・・・となってゆく．

　このために時としてどっちが行でどっちが列なのかわからなくなってしまう場合もあるのだが，以下のように覚えておくとよい．

図 1.1

　で，このように行と列を決めると n 行 m 列として n と m を指定すれば行列の各要素を指定することができる．たとえば，②の行列で1行2列目であれば2であり，3行4列目であれば0，2行3列目であれば4である．

　なお，最初に言った日常生活上の行列は，たいていぞろぞろと一列に並んでいるのが普通だが，これもまた行列（数学上の）である．たとえば，

④ $\begin{pmatrix} 1 & 2 & 3 & 4 & 5 \end{pmatrix}$ は1行5列の行列であるし，⑤ $\begin{pmatrix} 1 \\ 2 \\ 3 \end{pmatrix}$ は3行1列の行

列である.

2. 行列の計算

次に行列の計算である.

2.1 足し算・引き算

まずは単純なもの, 足し算と引き算から $\cdots$. これはゴタゴタと述べるより具体例を示せばわかるだろう.

$$\begin{pmatrix} 1 & 3 & 4 \\ 2 & 2 & -3 \\ -5 & -2 & 1 \end{pmatrix} + \begin{pmatrix} -1 & 3 & -1 \\ 2 & -5 & 2 \\ 3 & 3 & 3 \end{pmatrix} = \begin{pmatrix} 0 & 6 & 3 \\ 4 & -3 & -1 \\ -2 & 1 & 4 \end{pmatrix}$$

$$\begin{pmatrix} 1 & 3 & 4 \\ 2 & 2 & -3 \\ -5 & -2 & 1 \end{pmatrix} - \begin{pmatrix} -1 & 3 & -1 \\ 2 & -5 & 2 \\ 3 & 3 & 3 \end{pmatrix} = \begin{pmatrix} 2 & 0 & 5 \\ 0 & 7 & -5 \\ -8 & -5 & -2 \end{pmatrix}$$

すなわち, それぞれの同じ要素同士を単純に "足す・引く" とするだけのことである. さすがにこれは一度見たら忘れないだろう.

2.2 掛け算

まず, 2 行 2 列の掛け算から始めよう. これはいくらか複雑で, 同じ場所を占める要素同士を単純に掛け算するというわけではない. $A = \begin{pmatrix} 1 & 5 \\ 2 & -4 \end{pmatrix}$,

$B = \begin{pmatrix} 2 & -3 \\ -2 & 1 \end{pmatrix}$ の場合, 以下のようにする.

$$AB = \begin{pmatrix} 1 & 5 \\ 2 & -4 \end{pmatrix} \begin{pmatrix} 2 & -3 \\ -2 & 1 \end{pmatrix}$$

$$= \begin{pmatrix} 1 \times 2 + 5 \times (-2) & 1 \times (-3) + 5 \times 1 \\ 2 \times 2 + (-4) \times (-2) & 2 \times (-3) + (-4) \times 1 \end{pmatrix} = \begin{pmatrix} -8 & 2 \\ 12 & -10 \end{pmatrix}$$

つまり，掛け算して新しくできる行列（掛け算の結果の行列）の 1 行 1 列の要素は，A の 1 行目と B の 1 列目をペアにして $1 \times 2 + 5 \times (-2)$，さらに，新しくできる行列の 1 行 2 列の要素は，A の 1 行目と B の 2 列目をペアにして $1 \times (-3) + 5 \times 1$，$\cdots$ とするのである．すなわち，a_{nm} を A の n 行 m 列目の要素として，

$$AB = \begin{pmatrix} a_{11} & a_{12} \\ a_{21} & a_{22} \end{pmatrix} \begin{pmatrix} b_{11} & b_{12} \\ b_{21} & b_{22} \end{pmatrix} = \begin{pmatrix} a_{11}b_{11} + a_{12}b_{21} & a_{11}b_{12} + a_{12}b_{22} \\ a_{21}b_{11} + a_{22}b_{21} & a_{21}b_{12} + a_{22}b_{22} \end{pmatrix}$$

である．ここで気をつけなくてはならないこと，そして行列の重要な性質は，AB と BA の結果が異なるということである．事実，

$$BA = \begin{pmatrix} b_{11} & b_{12} \\ b_{21} & b_{22} \end{pmatrix} \begin{pmatrix} a_{11} & a_{12} \\ a_{21} & a_{22} \end{pmatrix} = \begin{pmatrix} b_{11}a_{11} + b_{12}a_{21} & b_{11}a_{12} + b_{12}a_{22} \\ b_{21}a_{11} + b_{22}a_{21} & b_{21}a_{12} + b_{22}a_{22} \end{pmatrix}$$

となって，右辺をよくよく確認すると $AB \neq BA$ である．実際に先に与えた数字を入れて計算してみよう．すると，

$$BA = \begin{pmatrix} 2 & -3 \\ -2 & 1 \end{pmatrix} \begin{pmatrix} 1 & 5 \\ 2 & -4 \end{pmatrix} = \begin{pmatrix} -4 & 22 \\ 0 & -14 \end{pmatrix}$$

となって，先の AB と結果が異なるのである．もちろん，$AB = BA$ となるような場合もあるが，これは特殊な場合で一般的に両者はイコールにはならない．$AB = BA$ となるような場合を可換，$AB \neq BA$ のような場合を非可換と言う（これは本章の第 3 節：単位行列の解説のときにも述べる）．

　これは何を意味するのか？　大雑把に述べれば，行列とはある操作に対応するようなものであって，A という操作，B という操作を連続して行う場合，どちらを先に行うかで結果が異なってくる，というようなイメージがもっとも近しい（この操作が具体的にどのようなものかについては第 5 章で学ぶ）．

　かくして，A と B が行列であった場合は

$$(A + B)^2 = (A + B)(A + B) = A(A + B) + B(A + B)$$

$$= A^2 + AB + BA + B^2 \neq A^2 + 2AB + B^2$$

である．――なぜならば，しつこいが，$AB \neq BA$ だから，$AB + BA$ を B と

A を入れ替えて $2AB$ としてしまうわけにはいかないからである．ここで，上式でカッコを外すときに A と B がそれぞれ $(A+B)$ に左側から掛かっていて，勝手に左右を変えていないことに注意せよ．

さて，これ以外にも行列をスカラー倍する場合は，以下のようになる（これもいちおう掛け算である）．

$$\alpha A = \alpha \begin{pmatrix} a_{11} & a_{12} \\ a_{21} & a_{22} \end{pmatrix} = \begin{pmatrix} \alpha a_{11} & \alpha a_{12} \\ \alpha a_{21} & \alpha a_{22} \end{pmatrix}.$$

ちなみに，行列 A に定数 α を掛ける場合は，右から掛けようが左から掛けようが結果に違いはない，すなわち，$\alpha A = A\alpha$ である．もっとも，α が定数であることからこれは自明であろう．

以上，行列の掛け算を一番単純な 2 行 2 列の行列で説明したが，これは，さらに行と列が増えても同じである．ただし，行と列の要素の個数が揃わなければ掛け算ができないわけであり，その種の行列同士の掛け算はできないということになる．たとえば，

$$A = \begin{pmatrix} 1 & 3 \\ 2 & 4 \end{pmatrix}, \ B = \begin{pmatrix} -1 & 2 \\ 2 & -1 \\ -3 & 2 \end{pmatrix} \ \text{の場合は，}$$

$$AB = \begin{pmatrix} 1 & 3 \\ 2 & 4 \end{pmatrix} \begin{pmatrix} -1 & 2 \\ 2 & -1 \\ -3 & 2 \end{pmatrix} = \text{掛け算できない！}$$

（A の行の要素の数（2 個）と B の列の要素の数（3 個）が異なっているので計算できない）

一方，ひっくり返すと（B の行の要素の数と A の列の要素の数が揃うので），

$$BA = \begin{pmatrix} -1 & 2 \\ 2 & -1 \\ -3 & 2 \end{pmatrix} \begin{pmatrix} 1 & 3 \\ 2 & 4 \end{pmatrix} = \begin{pmatrix} 3 & 5 \\ 0 & 2 \\ 1 & -1 \end{pmatrix}$$

と計算できる．換言すると，行と列の要素の数が，

$$\overbrace{\begin{pmatrix} a_{11} & a_{12} & a_{13} & a_{14} & \cdots \end{pmatrix}}^{n\ \text{個}} \left.\begin{pmatrix} b_{11} \\ b_{21} \\ b_{31} \\ b_{41} \\ \vdots \end{pmatrix}\right\} n\ \text{個}$$

のように揃えば掛け算可能である．つまり，「左側の行列の "行の要素の数" と右側の行列の "列の要素の数" が揃っていれば掛け算できる」ということである．

いささかややこしく感じられるかもしれないが，これは慣れである．以下の問題，そして章末の練習問題を利用して各自で確認してほしい．間違いなく計算則は確実に習得できるはずである．

なお，3 行 3 列の掛け算についても以下に記載しておくが，この種の掛け算のパターンは無数にあるわけだから，2 行 2 列の掛け算を行った上記の解説，さらに以下の 3 行 3 列の掛け算をもって掛け算について読者各自の頭の中で一般化してほしい．

$$\begin{pmatrix} a_{11} & a_{12} & a_{13} \\ a_{21} & a_{22} & a_{23} \\ a_{31} & a_{32} & a_{33} \end{pmatrix} \begin{pmatrix} b_{11} & b_{12} & b_{13} \\ b_{21} & b_{22} & b_{23} \\ b_{31} & b_{32} & b_{33} \end{pmatrix} =$$

$$\begin{pmatrix} a_{11}b_{11} + a_{12}b_{21} + a_{13}b_{31} & a_{11}b_{12} + a_{12}b_{22} + a_{13}b_{32} & a_{11}b_{13} + a_{12}b_{23} + a_{13}b_{33} \\ a_{21}b_{11} + a_{22}b_{21} + a_{23}b_{31} & a_{21}b_{12} + a_{22}b_{22} + a_{23}b_{32} & a_{21}b_{13} + a_{22}b_{23} + a_{23}b_{33} \\ a_{31}b_{11} + a_{32}b_{21} + a_{33}b_{31} & a_{31}b_{12} + a_{32}b_{22} + a_{33}b_{32} & a_{31}b_{13} + a_{32}b_{23} + a_{33}b_{33} \end{pmatrix}$$

である．

なお，本節の解説で主に用いた行数と列数が同じ行列（2 行 2 列，3 行 3 列 ・・・ のようなもの）のことを特に正方行列と称する（もっとも，慣れてくればこの文字を読んだだけでどういう行列かはピンとくるであろうが・・・）．

問 1.1 以下の掛け算を行え.

(1) $\begin{pmatrix} 1 & 2 \\ -2 & 1 \end{pmatrix}\begin{pmatrix} -5 & 8 \\ 2 & 7 \end{pmatrix}$ (2) $\begin{pmatrix} 1 & -2 & 0 \\ 0 & 1 & 2 \\ 2 & 3 & -1 \end{pmatrix}\begin{pmatrix} 1 & 1 & 3 \\ -1 & 0 & 1 \\ -3 & -4 & 2 \end{pmatrix}$

(3) $\begin{pmatrix} 1 & 2 & 3 \\ -1 & 2 & 5 \end{pmatrix}\begin{pmatrix} 2 & 2 \\ 1 & -5 \\ -3 & 1 \end{pmatrix}$

(4) $\begin{pmatrix} 1 \\ 2 \\ -1 \end{pmatrix}\begin{pmatrix} 2 & -1 & 3 \end{pmatrix} - \begin{pmatrix} 1 & -2 & 2 \\ 3 & -3 & 5 \\ -3 & 0 & -2 \end{pmatrix}$

(5) $\begin{pmatrix} 1 & 2 & -1 & -1 \end{pmatrix}\begin{pmatrix} -2 \\ 1 \\ 3 \\ 1 \end{pmatrix}$ (6) $\begin{pmatrix} 1 & 2 & -3 \\ 2 & 0 & 4 \\ 0 & 1 & 2 \end{pmatrix}\begin{pmatrix} -1 \\ 2 \\ 1 \end{pmatrix}$

(7) $\begin{pmatrix} 1 & 1 \\ -2 & 4 \end{pmatrix}\begin{pmatrix} 2 \\ -1 \end{pmatrix}$

3. 単位行列

次に単位行列なるものを導入しよう. 単位行列とは言ってみれば「数字の 1 の行列版」のような行列で, E と表し以下のようなものである.

$$\text{単位行列}: E = \begin{pmatrix} 1 & 0 \\ 0 & 1 \end{pmatrix}, \begin{pmatrix} 1 & 0 & 0 \\ 0 & 1 & 0 \\ 0 & 0 & 1 \end{pmatrix}, \begin{pmatrix} 1 & 0 & 0 & 0 \\ 0 & 1 & 0 & 0 \\ 0 & 0 & 1 & 0 \\ 0 & 0 & 0 & 1 \end{pmatrix}, \cdots$$

これらがどういった性質を有するかを考えよう. $A = \begin{pmatrix} 1 & 2 \\ 3 & 4 \end{pmatrix}$ とすると,

$$EA = \begin{pmatrix} 1 & 0 \\ 0 & 1 \end{pmatrix}\begin{pmatrix} 1 & 2 \\ 3 & 4 \end{pmatrix} = \begin{pmatrix} 1 & 2 \\ 3 & 4 \end{pmatrix}$$

$$AE = \begin{pmatrix} 1 & 2 \\ 3 & 4 \end{pmatrix} \begin{pmatrix} 1 & 0 \\ 0 & 1 \end{pmatrix} = \begin{pmatrix} 1 & 2 \\ 3 & 4 \end{pmatrix}$$

である．さらに，$B = \begin{pmatrix} 1 & 4 & 7 \\ 2 & 5 & 8 \\ 3 & 6 & 9 \end{pmatrix}$ とすると，

$$EB = \begin{pmatrix} 1 & 0 & 0 \\ 0 & 1 & 0 \\ 0 & 0 & 1 \end{pmatrix} \begin{pmatrix} 1 & 4 & 7 \\ 2 & 5 & 8 \\ 3 & 6 & 9 \end{pmatrix} = \begin{pmatrix} 1 & 4 & 7 \\ 2 & 5 & 8 \\ 3 & 6 & 9 \end{pmatrix}$$

$$BE = \begin{pmatrix} 1 & 4 & 7 \\ 2 & 5 & 8 \\ 3 & 6 & 9 \end{pmatrix} \begin{pmatrix} 1 & 0 & 0 \\ 0 & 1 & 0 \\ 0 & 0 & 1 \end{pmatrix} = \begin{pmatrix} 1 & 4 & 7 \\ 2 & 5 & 8 \\ 3 & 6 & 9 \end{pmatrix}$$

となって，単位行列 E は，行列 A と行列 B に何らの変化も与えないことがわかる．

　すなわち，こういう意味において単位行列は，「数字の 1 の行列版」だ，ということである．読者各々が，概念としてイメージを自身の頭のなかでしっかりと構築してほしい．

　また，一目瞭然であるが，$EA = AE, EB = BE, \ldots$ である．これは，第 2 節で述べたことの繰り返しになるが，単位行列は，すべての行列に対して順序（順番）の交換が可能であり可換である．通常，適当に選んだ 2 つの行列は互いに非可換である場合が多い．可換である場合は特殊な関係にある 2 者である場合がほとんどである（たとえば，以下で述べるような逆行列（第 4 節）であったり，ユニタリ行列（5.4 節，p.13）であったりがその例である）．

4.　逆行列

　次に逆行列という概念を導入する．これは，単位行列が「数字の1の行列版」であったのと同じように，「数字の逆数の行列版」である[1]．どういうことか？まずは具体例から見てみよう．

　いま，行列 $A = \begin{pmatrix} 7 & 3 \\ 2 & 1 \end{pmatrix}$ があった場合，これに対して行列 $B = \begin{pmatrix} 1 & -3 \\ -2 & 7 \end{pmatrix}$ があるとする．この両者は，

$$AB = \begin{pmatrix} 7 & 3 \\ 2 & 1 \end{pmatrix} \begin{pmatrix} 1 & -3 \\ -2 & 7 \end{pmatrix} = \begin{pmatrix} 1 & 0 \\ 0 & 1 \end{pmatrix} = E$$

$$BA = \begin{pmatrix} 1 & -3 \\ -2 & 7 \end{pmatrix} \begin{pmatrix} 7 & 3 \\ 2 & 1 \end{pmatrix} = \begin{pmatrix} 1 & 0 \\ 0 & 1 \end{pmatrix} = E$$

となって，行列 B を行列 A の左右どちらから掛けようが結果は E と単位行列になる．容易に想像できるであろうが，概念的に，3行3列であろうが，4行4列であろうが，$\cdots$ すなわち，一般的に n 行 n 列の正方行列で，同じことが言える．ここで，ある任意の正方行列 A に対して，$AB = E, BA = E$ となるような行列 B を行列 A の逆行列と呼ぶ．特に，行列 A の逆行列を A^{-1} のように書く．また，行列 B にとっては行列 A が逆行列である．さらに，$AB = E, BA = E$ なのだから可換である．

　ここで，2行2列の逆行列を求める公式を提示しておく．

$$A = \begin{pmatrix} a & b \\ c & d \end{pmatrix} \text{に対して逆行列は,} \quad A^{-1} = \frac{1}{ad - bc} \begin{pmatrix} d & -b \\ -c & a \end{pmatrix}$$

である（ただし，$ad - bc \neq 0$ である．これが0となる場合は次章で詳述する）．より一般的な，n 行 n 列の行列の逆行列の公式は余因子などというさらに余計なものを導入しないと表記できないので，ここでは以上としておく．しかし，

---

[1] 逆数とは，たとえば5に対して $\frac{1}{5}$ （ということは，$\frac{1}{5}$ に対して5），10に対して $\frac{1}{10}$ （ということは，$\frac{1}{10}$ に対して10）である．すなわち，数 $a\ (\neq 0)$ の逆数とは，a にかけると1になるような数のことである．

もちろん，逆行列の概念はこれで必要十分である．

なお，言葉（用語）にすぎないが，逆行列を持つ行列のことを正則行列と呼ぶ．—ということは正則ではない行列もあるということだが，これについては次章で詳述することになる．

> **問 1.2** 行列 $\begin{pmatrix} a & b \\ c & d \end{pmatrix}$ について，$\begin{pmatrix} a & b \\ c & d \end{pmatrix}\begin{pmatrix} e & f \\ g & h \end{pmatrix} = \begin{pmatrix} 1 & 0 \\ 0 & 1 \end{pmatrix}$ となる e, f, g, h を a, b, c, d で表すことで逆行列の公式を導出せよ．

> **問 1.3** 以下の行列の逆行列を公式を用いて求め，それが確かに元の行列の逆行列になっていることを実際に元の行列と掛け算することで確かめよ．
>
> (1) $\begin{pmatrix} 1 & 2 \\ 2 & 6 \end{pmatrix}$ (2) $\begin{pmatrix} -1 & 8 \\ -2 & 9 \end{pmatrix}$ (3) $\begin{pmatrix} 2 & 1 \\ -3 & 1 \end{pmatrix}$ (4) $\begin{pmatrix} 1 & 1 \\ 3 & 6 \end{pmatrix}$
>
> (5) $\begin{pmatrix} -1 & -5 \\ -3 & -13 \end{pmatrix}$

5. その他，よくお目にかかる行列

本節では，線形代数でよくお目にかかる行列（あるいは用語）についてそのいくつかを紹介しておこうと思う．

5.1 零行列

零行列とは，読んで字のごとく 0 行列である．すなわち，すべての要素が 0 である行列で，たとえば以下のようなものである（単位行列のように正方行列である必要はない）．

$$
零行列：O = \begin{pmatrix} 0 & 0 \\ 0 & 0 \end{pmatrix}, \begin{pmatrix} 0 & 0 & 0 \\ 0 & 0 & 0 \end{pmatrix}, \begin{pmatrix} 0 & 0 & 0 \\ 0 & 0 & 0 \\ 0 & 0 & 0 \end{pmatrix}, \begin{pmatrix} 0 & 0 & 0 \\ 0 & 0 & 0 \\ 0 & 0 & 0 \\ 0 & 0 & 0 \end{pmatrix}, \cdots
$$

これもまた言ってみれば「数字の 0 の行列版」であり，容易にわかるようにどのような行列に掛け算しても O になる（ということは，零行列はすべての行

列に対して可換である．——当たり前だけど・・・）．とにかく，あまりにも当たり
前すぎるのでもうわざわざ何かを例示することはしない．

5.2　転置行列

　転置行列とは，行を列に入れ替えた（列を行に入れ替えた）行列で，A の転
置行列を ^{t}A と表す．すなわち，

$$A = \begin{pmatrix} 1 & 2 \\ 5 & 6 \end{pmatrix} \xrightarrow{\text{転置}} {}^{t}A = \begin{pmatrix} 1 & 5 \\ 2 & 6 \end{pmatrix}$$

$$A = \begin{pmatrix} 1 & 3 & 5 \\ 0 & 2 & -3 \\ -3 & 1 & 1 \end{pmatrix} \xrightarrow{\text{転置}} {}^{t}A = \begin{pmatrix} 1 & 0 & -3 \\ 3 & 2 & 1 \\ 5 & -3 & 1 \end{pmatrix}$$

$$A = \begin{pmatrix} 1 & 2 & 3 \\ 6 & 5 & 4 \end{pmatrix} \xrightarrow{\text{転置}} {}^{t}A = \begin{pmatrix} 1 & 6 \\ 2 & 5 \\ 3 & 4 \end{pmatrix}$$

である．性質上，転置したものをもう一度転置すると自分自身に戻ってくる
（ほとんど自明で当たり前だけれど・・・）．つまり，

$$A = \begin{pmatrix} 1 & 3 & 5 \\ 0 & 2 & -3 \\ -3 & 1 & 1 \end{pmatrix} \xrightarrow{\text{転置}} {}^{t}A = \begin{pmatrix} 1 & 0 & -3 \\ 3 & 2 & 1 \\ 5 & -3 & 1 \end{pmatrix}$$

$$\xrightarrow{\text{転置}} {}^{t}({}^{t}A) = \begin{pmatrix} 1 & 3 & 5 \\ 0 & 2 & -3 \\ -3 & 1 & 1 \end{pmatrix} = A$$

である．

　またなかでも，転置しても各要素に変化のない行列，つまり，$A = {}^{t}A$ とな
る行列のことを対称行列と言う．たとえば，$A = \begin{pmatrix} 1 & 0 & -5 \\ 0 & 2 & 3 \\ -5 & 3 & -1 \end{pmatrix}$ は，確かに

$$
{}^tA = \begin{pmatrix} 1 & 0 & -5 \\ 0 & 2 & 3 \\ -5 & 3 & -1 \end{pmatrix} \text{である.}
$$

対称行列があるのであれば，反対称行列なるものもある．反対称行列は，歪対称行列，あるいは交代行列などとも呼ばれ，転置した場合に元の行列の -1 倍に等しくなる行列のことを言う．

たとえば，$\begin{pmatrix} 0 & 3 & -5 \\ -3 & 0 & 2 \\ 5 & -2 & 0 \end{pmatrix}$ のような行列である．実際に，これを転置さ

せると確かに $\begin{pmatrix} 0 & -3 & 5 \\ 3 & 0 & -2 \\ -5 & 2 & 0 \end{pmatrix} = -\begin{pmatrix} 0 & 3 & -5 \\ -3 & 0 & 2 \\ 5 & -2 & 0 \end{pmatrix}$ となる．すなわち，

${}^tA = -A$ なる行列を反対称行列と称する．

5.3 エルミート行列

エルミート行列とは，行列の要素の複素共役[2]をとって転置すると元の行

列と等しくなるような行列のことである．たとえば，$\begin{pmatrix} 1 & 3i & 5 \\ -3i & 7 & -i \\ 5 & i & 2 \end{pmatrix}$ につ

いて，複素共役をとってからさらに転置すると，確かに $\begin{pmatrix} 1 & 3i & 5 \\ -3i & 7 & -i \\ 5 & i & 2 \end{pmatrix}$ と

なって，自身と等しくなる．すなわち，複素数 c の複素共役を $\bar{c}$ と表すとして，

---

[2] 複素共役とは，複素数 $a + ib$ に対して $a - ib$（もしくは，$a - ib$ に対して $a + ib$）である（ここで i は虚数単位で $i^2 = -1$ である）．つまり，複素数の虚部のプラスマイナスをひっくり返すことである．

　複素共役も含め，複素数については，第5章の第3節で詳細に扱う．当該箇所を学習してから再度ここを確認してみるといいだろう．または，ひとまずこの箇所を飛ばして当該箇所を学習してから戻って来てここを確認してもよい．ここを飛ばすことでその後の理解に影響はない．

${}^t\bar{A} = A$ となる行列のことで ${}^t\bar{A}$ を $A^\dagger$ と表記する.

5.4　ユニタリ行列

　ユニタリ行列とは，そのエルミート共役（転置して複素共役をとる）と掛け合わせると単位行列になるような行列である．すなわち，ある行列 U に対して，そのエルミート共役 $U^\dagger$ について，$UU^\dagger = U^\dagger U = E$ となる行列である．言い替えれば，エルミート共役をとると元の行列の逆行列になっているような行列である．

　たとえば，$\begin{pmatrix} 1 & 0 & 0 \\ 0 & i\cos x & \sin x \\ 0 & \sin x & i\cos x \end{pmatrix}$ のエルミート共役は，$\begin{pmatrix} 1 & 0 & 0 \\ 0 & -i\cos x & \sin x \\ 0 & \sin x & -i\cos x \end{pmatrix}$

であるが，これらを掛けると

$$\begin{pmatrix} 1 & 0 & 0 \\ 0 & i\cos x & \sin x \\ 0 & \sin x & i\cos x \end{pmatrix}\begin{pmatrix} 1 & 0 & 0 \\ 0 & -i\cos x & \sin x \\ 0 & \sin x & -i\cos x \end{pmatrix} = E$$

であり，

$$\begin{pmatrix} 1 & 0 & 0 \\ 0 & -i\cos x & \sin x \\ 0 & \sin x & -i\cos x \end{pmatrix}\begin{pmatrix} 1 & 0 & 0 \\ 0 & i\cos x & \sin x \\ 0 & \sin x & i\cos x \end{pmatrix} = E$$

なので，これらはユニタリ行列である．

　もっとも，これらは，その用語にお目にかかったときに忘れていたら調べたらそれでいい．行列にとって本質的なことは，4 節までの解説でほぼ尽きている．

6.　行列のブロック化

　ここでは，行列のブロック化（区分化とも言う）について詳述しよう．この手法は，行列が高次になってゆくほど威力を発揮する（ということになっては

いるが，行列の計算ってしょっちゅう間違えてしまうのだけれど…）．まずは，論より証拠である．実際の計算を提示することから始めよう．以下である．

$$A = \begin{pmatrix} 1 & 2 & -3 & 0 \\ 2 & 0 & 2 & -3 \\ 0 & 3 & 1 & 1 \\ -1 & -2 & 5 & 1 \end{pmatrix}, \quad B = \begin{pmatrix} 3 & 5 & -1 & 0 \\ 2 & -2 & 3 & 2 \\ 1 & 0 & 2 & -1 \\ 1 & -3 & 0 & 0 \end{pmatrix}$$

として AB を求める．たとえば，

$$AB = \begin{pmatrix} 1 & 2 & -3 & 0 \\ 2 & 0 & 2 & -3 \\ 0 & 3 & 1 & 1 \\ -1 & -2 & 5 & 1 \end{pmatrix}\begin{pmatrix} 3 & 5 & -1 & 0 \\ 2 & -2 & 3 & 2 \\ 1 & 0 & 2 & -1 \\ 1 & -3 & 0 & 0 \end{pmatrix}$$

を計算する際に，以下のようにブロックに分けて計算しようというのである．

$$A_1 = \begin{pmatrix} 1 & 2 \\ 2 & 0 \end{pmatrix}, \quad A_2 = \begin{pmatrix} 0 & 3 \\ -1 & -2 \end{pmatrix}, \quad A_3 = \begin{pmatrix} -3 & 0 \\ 2 & -3 \end{pmatrix}, \quad A_4 = \begin{pmatrix} 1 & 1 \\ 5 & 1 \end{pmatrix}$$

$$B_1 = \begin{pmatrix} 3 & 5 \\ 2 & -2 \end{pmatrix}, \quad B_2 = \begin{pmatrix} 1 & 0 \\ 1 & -3 \end{pmatrix}, \quad B_3 = \begin{pmatrix} -1 & 0 \\ 3 & 2 \end{pmatrix}, \quad B_4 = \begin{pmatrix} 2 & -1 \\ 0 & 0 \end{pmatrix}$$

すると，

$$AB = \begin{pmatrix} A_1 & A_3 \\ A_2 & A_4 \end{pmatrix}\begin{pmatrix} B_1 & B_3 \\ B_2 & B_4 \end{pmatrix}$$

となるので，

$$AB = \begin{pmatrix} A_1 & A_3 \\ A_2 & A_4 \end{pmatrix}\begin{pmatrix} B_1 & B_3 \\ B_2 & B_4 \end{pmatrix} = \begin{pmatrix} A_1B_1 + A_3B_2 & A_1B_3 + A_3B_4 \\ A_2B_1 + A_4B_2 & A_2B_3 + A_4B_4 \end{pmatrix}$$

を計算すればよい．つまり，

$$A_1B_1 + A_3B_2 = \begin{pmatrix} 1 & 2 \\ 2 & 0 \end{pmatrix}\begin{pmatrix} 3 & 5 \\ 2 & -2 \end{pmatrix} + \begin{pmatrix} -3 & 0 \\ 2 & -3 \end{pmatrix}\begin{pmatrix} 1 & 0 \\ 1 & -3 \end{pmatrix}$$

$$= \begin{pmatrix} 7 & 1 \\ 6 & 10 \end{pmatrix} + \begin{pmatrix} -3 & 0 \\ -1 & 9 \end{pmatrix} = \begin{pmatrix} 4 & 1 \\ 5 & 19 \end{pmatrix}$$

$$A_2B_1 + A_4B_2 = \begin{pmatrix} 0 & 3 \\ -1 & -2 \end{pmatrix} \begin{pmatrix} 3 & 5 \\ 2 & -2 \end{pmatrix} + \begin{pmatrix} 1 & 1 \\ 5 & 1 \end{pmatrix} \begin{pmatrix} 1 & 0 \\ 1 & -3 \end{pmatrix}$$

$$= \begin{pmatrix} 6 & -6 \\ -7 & -1 \end{pmatrix} + \begin{pmatrix} 2 & -3 \\ 6 & -3 \end{pmatrix} = \begin{pmatrix} 8 & -9 \\ -1 & -4 \end{pmatrix}$$

$$A_1B_3 + A_3B_4 = \begin{pmatrix} 1 & 2 \\ 2 & 0 \end{pmatrix} \begin{pmatrix} -1 & 0 \\ 3 & 2 \end{pmatrix} + \begin{pmatrix} -3 & 0 \\ 2 & -3 \end{pmatrix} \begin{pmatrix} 2 & -1 \\ 0 & 0 \end{pmatrix}$$

$$= \begin{pmatrix} 5 & 4 \\ -2 & 0 \end{pmatrix} + \begin{pmatrix} -6 & 3 \\ 4 & -2 \end{pmatrix} = \begin{pmatrix} -1 & 7 \\ 2 & -2 \end{pmatrix}$$

$$A_2B_3 + A_4B_4 = \begin{pmatrix} 0 & 3 \\ -1 & -2 \end{pmatrix} \begin{pmatrix} -1 & 0 \\ 3 & 2 \end{pmatrix} + \begin{pmatrix} 1 & 1 \\ 5 & 1 \end{pmatrix} \begin{pmatrix} 2 & -1 \\ 0 & 0 \end{pmatrix}$$

$$= \begin{pmatrix} 9 & 6 \\ -5 & -4 \end{pmatrix} + \begin{pmatrix} 2 & -1 \\ 10 & -5 \end{pmatrix} = \begin{pmatrix} 11 & 5 \\ 5 & -9 \end{pmatrix}$$

したがって,

$$AB = \begin{pmatrix} 4 & 1 & -1 & 7 \\ 5 & 19 & 2 & -2 \\ 8 & -9 & 11 & 5 \\ -1 & -4 & 5 & -9 \end{pmatrix}$$

となる. 適切に区分けしてあれば, このような計算も可能である.

問 1.4　ここで, ただちに上記のようなブロック化しない状態でこの掛け算を計算してその結果が同じになることを確かめよ.

問 1.5　以下の行列を指示されたようにブロック化して掛け算せよ.

(1) ① $A = \begin{pmatrix} 2 & 1 & 2 \\ 0 & 1 & 2 \\ 2 & 3 & 4 \end{pmatrix}$, $B = \begin{pmatrix} 3 & 2 & 3 \\ 1 & 2 & 1 \\ 2 & 3 & -1 \end{pmatrix}$ について，まず行列 A に

ついて，$2 = (2)$，$\begin{pmatrix} 1 & 2 \end{pmatrix} = a_1$，$\begin{pmatrix} 0 \\ 2 \end{pmatrix} = a_2$，$\begin{pmatrix} 1 & 2 \\ 3 & 4 \end{pmatrix} = a_3$，行列 B に

ついて，$3 = (3)$，$\begin{pmatrix} 2 & 3 \end{pmatrix} = b_1$，$\begin{pmatrix} 1 \\ 2 \end{pmatrix} = b_2$，$\begin{pmatrix} 2 & 1 \\ 3 & -1 \end{pmatrix} = b_3$ として，

$\begin{pmatrix} 2 & a_1 \\ a_2 & a_3 \end{pmatrix} \begin{pmatrix} 3 & b_1 \\ b_2 & b_3 \end{pmatrix}$ を計算することから AB を求めよ．なお，$2 = (2)$ と
$3 = (3)$ はただの数字である．
② また，ブロック化せずに計算して①と結果が同じになることを確認せよ．

(2) $\begin{pmatrix} 1 & 0 & 2 & -2 & 0 \\ 2 & 4 & 0 & 3 & 1 \\ -2 & -3 & 0 & 2 & 4 \\ 3 & 5 & 1 & -3 & 0 \\ -1 & 1 & 2 & 2 & 0 \end{pmatrix} \begin{pmatrix} 1 & 2 & 3 & -1 & 2 \\ 6 & 5 & 4 & 4 & -3 \\ 0 & -1 & 0 & 5 & 1 \\ 1 & 2 & 0 & -1 & 2 \\ -1 & 0 & 2 & 1 & 3 \end{pmatrix}$ を計算したい．

① 適当にブロック化して計算せよ．
② ブロック化せずに計算して①と同じ結果になることを確認せよ．

以上が行列の計算の骨子である．計算そのものはまったく単純なものである．
　本章の最後に大雑把にこの行列のイメージを述べておこうと思う．われわれ
は，謂わば，数字を集団として扱おうとしているのである．すなわち，数字を
行列という集団へと拡張しているようなイメージを描ければ，まずはイメージ
として遠からず，といったところである．

練習問題

1-1 $A = \begin{pmatrix} 4 & -3 \\ 2 & -2 \end{pmatrix}$, $B = \begin{pmatrix} 1 & -2 \\ 5 & 3 \end{pmatrix}$, $C = \begin{pmatrix} 0 & 1 \\ -2 & 1 \end{pmatrix}$ として以下を計算せよ．

（1）AB　（2）BA　（3）BC　（4）CB　（5）$(AB)C$　（6）$A(BC)$
（7）$(AC)B$　（8）$A(CB)$　（9）$A(B - C)$　（10）$(B - C)A$

1-2 $A = \begin{pmatrix} 2 & 0 & 1 \\ 1 & -2 & 3 \\ 0 & 1 & -1 \end{pmatrix}$, $B = \begin{pmatrix} 1 & 0 & 2 \\ 1 & -1 & -2 \\ 3 & 2 & -3 \end{pmatrix}$ として以下を計算せよ．

(1) AB　(2) BA　(3) A^2　(4) B^2　(5) ${}^tA^tB$

(6) ${}^t(AB)$——実際に掛け算してから転置して（1）（5）の結果と比べてみよ．また余裕があれば ${}^tB^tA$, ${}^t(BA)$ についても同様のことを行ってみよ．

(7) $(A+B)^2$　(8) $(A+B+E)(A+B-E)$

1-3

(1) $A = \dfrac{1}{\sqrt{2}} \begin{pmatrix} 1 & -1 \\ 1 & 1 \end{pmatrix}$ の場合，A^8 はどうなるだろうか．

(2) $B = \dfrac{1}{2} \begin{pmatrix} 1 & -\sqrt{3} \\ \sqrt{3} & 1 \end{pmatrix}$ の場合，B^3 を求め，そこから B^6 を求めよ．

(3) $C = \begin{pmatrix} 1 & 0 & 0 \\ 0 & 0 & -1 \\ 0 & 1 & 0 \end{pmatrix}$ の場合，C^2, C^3, C^4 をそれぞれ求めよ．

　なお，本問で扱った行列は，「回転行列」と称される行列である．詳細は，第5章で詳述することになるので，その際に戻って来て再考するとよい．

1-4　本文の5.4節でユニタリ行列 $U = \begin{pmatrix} 1 & 0 & 0 \\ 0 & i\cos x & \sin x \\ 0 & \sin x & i\cos x \end{pmatrix}$ を扱ったが，これのエルミート共役をとった行列 $U^\dagger = \begin{pmatrix} 1 & 0 & 0 \\ 0 & -i\cos x & \sin x \\ 0 & \sin x & -i\cos x \end{pmatrix}$ と掛け算したい．以下の2つの方法で計算せよ．

(1) それぞれ $1 = (1)$, $\begin{pmatrix} 0 & 0 \end{pmatrix} = O$, $\begin{pmatrix} 0 \\ 0 \end{pmatrix} = {}^tO$ （O の転置），

$\begin{pmatrix} i\cos x & \sin x \\ \sin x & i\cos x \end{pmatrix} = R$, $\begin{pmatrix} -i\cos x & \sin x \\ \sin x & -i\cos x \end{pmatrix} = R^\dagger$ （R のエルミート共役）

とブロック化して計算し，結果が単位行列 E となることを確認せよ．

(2) $\begin{pmatrix} 1 & 0 \\ 0 & i\cos x \end{pmatrix} = u$, $\begin{pmatrix} 0 \\ \sin x \end{pmatrix} = w$ としてブロック化して計算し，結果が単位行列となることを以下の手順で確認せよ．

　　① まず，u のエルミート共役 $u^\dagger$ をとれ．

　　② 次に，w の転置行列 ${}^tw$ をとれ．

　　③ 行列 $u, u^\dagger, w, {}^tw$ と $i\cos x$（そして，その複素共役 $-i\cos x$）でブロック化して掛け算することで結果が単位行列 E となることを確認せよ．

1-5　正方行列ではない行列同士の掛け算についての問題である．以下の掛け算について，計算可能なものは計算し，不可能なものは「計算できない」と回答せよ．

(1) $\begin{pmatrix} 1 & 2 & 1 & 0 \\ 2 & -1 & 0 & 2 \\ 0 & 2 & -1 & 1 \end{pmatrix} \begin{pmatrix} 1 & 0 \\ 0 & 1 \\ -1 & 0 \\ 0 & -1 \end{pmatrix}$ (2) $\begin{pmatrix} 1 & 2 & 3 \\ 6 & 5 & 4 \end{pmatrix} \begin{pmatrix} 2 \\ -1 \end{pmatrix}$

(3) $\begin{pmatrix} 1 \\ 2 \\ 3 \end{pmatrix} \begin{pmatrix} 2 & -1 & 1 \end{pmatrix}$ (4) $\begin{pmatrix} 1 \\ 2 \\ -3 \end{pmatrix} \begin{pmatrix} 1 & 0 & -1 \\ 2 & -2 & 1 \end{pmatrix}$

1-6 $\begin{pmatrix} 1 \\ 2 \\ -3 \\ 1 \end{pmatrix} \begin{pmatrix} 1 & -1 & 1 & 3 \end{pmatrix} = A$ とし, $\begin{pmatrix} 0 & -1 & 0 \\ 1 & 0 & -1 \\ 1 & 2 & -1 \\ 2 & 0 & 0 \end{pmatrix} \begin{pmatrix} 1 & 2 & 0 & 1 \\ 0 & -1 & 3 & 0 \\ 1 & 0 & -3 & 1 \end{pmatrix}$

$= B$ として，行列 A と行列 B を適当にブロック化することで AB を求めよ.

2

連立方程式を解く

　本章では，前章で学んだ行列とその計算をフル活用して連立方程式を解いてみよう．もちろん，本章で例示する連立方程式は中学校で習ったような解き方をした方が本当は早く解ける．しかし，ここで読者に提示したいことは，実際に連立方程式を解いてその解を見つけるということではない．そうではなく，連立方程式が解けるとはどういうことなのか，あるいは解けないとはどういうことなのか，ということについてこれまでとは異なった，より高度な視点を提示することである．

1.　逆行列を用いて解く

　まず，$5x = 10$ をどのようにして解くのかについて考えてみよう．もちろん，こんなものは，即座に $x = 2$ なのだが，これをどうやってわれわれは導出しているのか？　詳細に述べると，これは，両辺に 5 の逆数 $\dfrac{1}{5}$ を掛けることで導出しているのである．すなわち，

$$5x = 10$$

両辺に $\dfrac{1}{5}$ を掛けて，

$$\frac{1}{5}5x = \frac{1}{5}10$$

$$x = 2$$

としているのである．

　以上を参考にして以下の連立方程式を解くことを考えよう．

$$\begin{cases} x - 2y = 1 \\ x + y = 4 \end{cases} \qquad 解は，\begin{pmatrix} x \\ y \end{pmatrix} = \begin{pmatrix} 3 \\ 1 \end{pmatrix} である．$$

まずは，この見慣れた連立方程式を行列で表示してみることにする．すると，この連立方程式の左辺は，$\begin{pmatrix} 1 & -2 \\ 1 & 1 \end{pmatrix}\begin{pmatrix} x \\ y \end{pmatrix}$ と表示できる．なぜならば，これは，実際に計算してみると $\begin{pmatrix} 1 & -2 \\ 1 & 1 \end{pmatrix}\begin{pmatrix} x \\ y \end{pmatrix} = \begin{pmatrix} x - 2y \\ x + y \end{pmatrix}$ だからである．したがって，与えられた連立方程式は，

$$\begin{pmatrix} 1 & -2 \\ 1 & 1 \end{pmatrix}\begin{pmatrix} x \\ y \end{pmatrix} = \begin{pmatrix} 1 \\ 4 \end{pmatrix}$$

と書かれる．これを解くにあたって，$5x = 10$ とのアナロジーから，もし以下のようなことができれば一気に解くことができると思いたくなる．すなわち，

$$\begin{pmatrix} x \\ y \end{pmatrix} \rightarrow \cfrac{1}{\begin{pmatrix} 1 & -2 \\ 1 & 1 \end{pmatrix}} \begin{pmatrix} 1 \\ 4 \end{pmatrix}$$

だが実際に，$\cfrac{1}{\begin{pmatrix} 1 & -2 \\ 1 & 1 \end{pmatrix}}$ などということはできない．しかし発想としてこう

したことを行いたいと思っているのである．——間違えるといけないので繰り返すが，この表記は間違っているし，こんな計算はできない．

では，どうするか？　上記の方法が行列の場合はできないので，別の方法へと頭を切り替えよう．とにかく行いたいことは，$\begin{pmatrix} 1 & -2 \\ 1 & 1 \end{pmatrix} \begin{pmatrix} x \\ y \end{pmatrix} = \begin{pmatrix} 1 \\ 4 \end{pmatrix}$ に

何らかの数学的操作を行って左辺を $\begin{pmatrix} x \\ y \end{pmatrix}$ だけの形に変形し，その際に右辺に

スパッと解が現れるようにしたい，ということである．

では，どうすれば，左辺を $\begin{pmatrix} x \\ y \end{pmatrix}$ だけの形に変形できるだろうか？　ここ

で，$5x = 10$ を解くときのアナロジーから，逆数ならぬ，$\begin{pmatrix} 1 & -2 \\ 1 & 1 \end{pmatrix}$ の逆行列

を利用しよう．$\begin{pmatrix} 1 & -2 \\ 1 & 1 \end{pmatrix}$ の逆行列は，$\cfrac{1}{3}\begin{pmatrix} 1 & 2 \\ -1 & 1 \end{pmatrix}$ である．これを両辺に

左側から掛けると

$$\frac{1}{3}\begin{pmatrix} 1 & 2 \\ -1 & 1 \end{pmatrix}\begin{pmatrix} 1 & -2 \\ 1 & 1 \end{pmatrix}\begin{pmatrix} x \\ y \end{pmatrix} = \frac{1}{3}\begin{pmatrix} 1 & 2 \\ -1 & 1 \end{pmatrix}\begin{pmatrix} 1 \\ 4 \end{pmatrix}$$

である．まず，左辺から計算してゆこう．すると，$\cfrac{1}{3}\begin{pmatrix} 1 & 2 \\ -1 & 1 \end{pmatrix}\begin{pmatrix} 1 & -2 \\ 1 & 1 \end{pmatrix} =$

$\begin{pmatrix} 1 & 0 \\ 0 & 1 \end{pmatrix}$ なのだから，

$$\begin{pmatrix} 1 & 0 \\ 0 & 1 \end{pmatrix} \begin{pmatrix} x \\ y \end{pmatrix} = \frac{1}{3} \begin{pmatrix} 1 & 2 \\ -1 & 1 \end{pmatrix} \begin{pmatrix} 1 \\ 4 \end{pmatrix}$$

左辺はさらに計算できて，$\begin{pmatrix} 1 & 0 \\ 0 & 1 \end{pmatrix} \begin{pmatrix} x \\ y \end{pmatrix} = \begin{pmatrix} x \\ y \end{pmatrix}$ なのだから，確かに思惑通りに左辺を $\begin{pmatrix} x \\ y \end{pmatrix}$ とできて，

$$\begin{pmatrix} x \\ y \end{pmatrix} = \frac{1}{3} \begin{pmatrix} 1 & 2 \\ -1 & 1 \end{pmatrix} \begin{pmatrix} 1 \\ 4 \end{pmatrix}$$

$$= \frac{1}{3} \begin{pmatrix} 9 \\ 3 \end{pmatrix} = \begin{pmatrix} 3 \\ 1 \end{pmatrix}$$

となる．

　前章の p.9 で逆行列を「数字の逆数の行列版」のごときものと述べたのは，こうした意味合いからである．

　ちなみに，この方法論は，未知数が 2 個で方程式 2 個の場合だけでなく，未知数が 10 個あって方程式が 10 個ある場合でも成立するし，未知数が 100 個，方程式が 100 個の場合でも成立する．つまり，基本的にどんな場合でも妥当する．

　ということは，その連立方程式を形作っている未知数に掛かっている定数から作られた逆行列を右辺の行列（n 行 1 列の行列）に掛けると一気に欲しい解を得ることができる，ということである．

　さらに一般化すれば，$AX = Y$ なる方程式があった場合，$X = A^{-1}Y$ とすれば解が得られるということである．ここで，X の要素は何個でもよくて（ことさら n 行 1 列の行列である必要もない），たとえば 10 個あれば，A は 10 行 10 列の正方行列になり，Y の要素もまた 10 個である．X の要素がたまたま 1 個だった場合は，A は普通の数となり，A^{-1} が普通に逆数 $\dfrac{1}{A}$ となるのである．この論理的一貫性をよくよく認識してほしい．

> **問 2.1**　以下の連立方程式を，① まず方程式を行列表示し，② 公式を利用して逆行
> 列を求め，③ その逆行列を用いて解く，という手順で解くことで，上記してきた
> $AX = Y \rightarrow X = A^{-1}Y$ を確認せよ．
>
> (1) $\begin{cases} 2x + 5y = 9 \\ 3x - y = 5 \end{cases}$　　(2) $\begin{cases} 3x - y = 7 \\ 2x + 3y = 1 \end{cases}$　　(3) $\begin{cases} x - 3y = 0 \\ -2x + y = -5 \end{cases}$

2.　解が一意に確定しない場合を考える

　ここでは解けない場合について考えてみよう．… と書きつつも，正確には，
未知数が一意に確定しない場合についてである．その場合，行列の視点からす
るとどのようなことが生じているのか，ということである．まずは以下を考え
る．

$$\begin{cases} 2x - 5y = 7 \\ 4x - 10y = 14 \end{cases}$$

についてである．単純なものを用いているので，一見してこれは「解けない」
ことがわかるであろう．なぜならば，上の式と下の式は 2 倍だけ異なっている
だけで同じなので実質上，方程式は 1 つしか与えられていないからである．し
かし，行列表示は可能で（当たり前である！），以下のようになる．つまり，

$$\begin{pmatrix} 2 & -5 \\ 4 & -10 \end{pmatrix} \begin{pmatrix} x \\ y \end{pmatrix} = \begin{pmatrix} 7 \\ 14 \end{pmatrix}$$

である．前節で行ったようにこれを解こうとすると $\begin{pmatrix} 2 & -5 \\ 4 & -10 \end{pmatrix}$ の逆行列を求
めざるを得ない．がしかし，2 行 2 列の逆行列の公式に当てはめてみると，

$$\frac{1}{2 \times (-10) - (-5) \times 4} \begin{pmatrix} -10 & 5 \\ -4 & 2 \end{pmatrix} = \frac{1}{0} \begin{pmatrix} -10 & 5 \\ -4 & 2 \end{pmatrix}$$

となって，0 で割るという数学上の御禁制（タブー）が出現してしまう．すな
わち，この行列に逆行列は存在しないのである．つまり，連立方程式の解が一
意に確定できない（解けない）ということは，要するには，係数から形作る行

列の逆行列が存在しない，ということである．かくして，解ける，解けないは，逆行列の存在問題へと帰着するのである．

さて，ここまで，「解が一意に存在しない」という言い方をしてきて，あからさまに「解けない」という言い方はできるだけ使わないように，使う場合でも括弧付きで使ったのであるが，これは，以下のように解くのである．すなわち，$x = t$ としたときに，$y = \dfrac{2}{5}t - \dfrac{7}{5}$ である．よって，$\begin{pmatrix} x \\ y \end{pmatrix} = \begin{pmatrix} t \\ \dfrac{2}{5}t - \dfrac{7}{5} \end{pmatrix}$（$t$ は任意）である，という具合に解ける．

これもまた，未知数の数によらず一般的に成立する．つまり，もし未知数が100個あって，方程式が実質上98個しかない場合は，100個の未知数のうちどれか2個をこちらで決めてやれば解ける，などという具合に‥‥．で，繰り返すが，逆行列が存在する，となればこの連立方程式は解を一意に確定させることができる，ということである．

大切なことなのでまとめておく．

逆行列が存在する　→　解が一意に存在する

逆行列が存在しない　→　解が一意に存在しない

ということである．

なお，ここで，実質上の方程式の数（ということは，こちらから指定しなくてはならない解の数）に相当するのが，行列のランクというものに関連するのだが，これは現段階では言及していない概念である．本章の第6節で詳述する．

問 2.2　以下の連立方程式は解が一意に存在しないものである．適当にパラメーターを指定してこれらを解け．

(1) $\begin{cases} x - 3y = 5 \\ 3x - 9y = 15 \end{cases}$ (2) $\begin{cases} x + 2y - 3z = -1 \\ 2x - y + 3z = 0 \\ 4x - 2y + 6z = 0 \end{cases}$ (3) $\begin{cases} 2x - 5y = 0 \\ -2x + 5y = 0 \end{cases}$

3.　掃き出し法という解き方

　この節では，「掃き出し法」と呼ばれている方法を学ぶ．大方の線形代数の本には詳細にこの方法が紹介されているが，よくよく考えてみるとエッセンスは極めて単純なものである．したがって，ここではそのエッセンスを端的に伝えることにしようと思う．

　まずは，以下の連立方程式についてである．あえて，第 1 節で用いたものと同じ連立方程式を用いよう．

$$\begin{cases} x - 2y = 1 & \cdots\cdots (1) \\ x + y = 4 & \cdots\cdots (2) \end{cases}$$

である．これを次のように解く．まず，$2 \times (2)$ として (1) に足すことで (1) の $-2y$ を消すと，

$$\begin{cases} 3x \quad\quad = 9 & \cdots\cdots (1) + 2 \times (2) \\ x + y = 4 & \cdots\cdots\cdots\cdots (2) \end{cases}$$

上の式の両辺を 3 で割ると，

$$\begin{cases} x \quad\quad = 3 & \cdots\cdots \{(1) + 2 \times (2)\}/3 \\ x + y = 4 & \cdots\cdots\cdots\cdots\cdots (2) \end{cases}$$

となる．今度は，下の式から上の式を引こう．すると，

$$\begin{cases} x \quad\quad = 3 & \cdots\cdots\cdots \{(1) + 2 \times (2)\}/3 \\ y = 1 & \cdots\cdots (2) - [\{(1) + 2 \times (2)\}/3] \end{cases}$$

したがって，解は，$\begin{pmatrix} x \\ y \end{pmatrix} = \begin{pmatrix} 3 \\ 1 \end{pmatrix}$ である．

　以上のことを，文字 x, y と $=$ の記号を除いて数字だけの 2 行 3 列の行列として以下のように表記してみよう．すると，一連の手続きは以下のようになる（消えてしまった箇所は 0 とする）．

$$\begin{pmatrix} 1 & -2 & 1 \\ 1 & 1 & 4 \end{pmatrix}$$

↓　　… 2 行目を 2 倍して 1 行目に足す

$$\begin{pmatrix} 3 & 0 & 9 \\ 1 & 1 & 4 \end{pmatrix}$$

↓　　… 1 行目を 3 で割る

$$\begin{pmatrix} 1 & 0 & 3 \\ 1 & 1 & 4 \end{pmatrix}$$

↓　　… 2 行目から 1 行目を引く

$$\begin{pmatrix} 1 & 0 & 3 \\ 0 & 1 & 1 \end{pmatrix}$$

ここで，最後の行列を $\begin{pmatrix} 1 & 0 & 3 \\ 0 & 1 & 1 \end{pmatrix}$ と見ると，左側の正方行列が単位行列になっており，右側の 2 行 1 列の行列が解となっていることに気が付く．この方法は，未知数が増えて方程式の数が増えても妥当するはずである．

すなわち，与えられた連立方程式の数字だけを抜き出して行列を作り，左側の正方行列の部分が単位行列になるように上記のような操作を行い，右端に現れた数字が解となるはずである．──これを「掃き出し法」と言う．掃き出し法においては連立方程式を解く際に，方程式を α 倍して別の方程式に足したり引いたり，といった操作で可能な数学的操作はすべて使用可能である．

解けない場合には，たとえば，先の例 $\begin{cases} 2x - 5y = 7 \\ 4x - 10y = 14 \end{cases}$ ならば，どのようにしても左側の正方行列部分が単位行列にならないことがわかるであろう（以下の問 2.4 で確認のこと）．

詳細は，以下の問題，章末の練習問題を解くことで会得してほしい．

問 2.3　以下の連立方程式を掃き出し法で解け.

(1) $\begin{cases} 2x - y = 3 \\ 3x + 2y = 8 \end{cases}$
(2) $\begin{cases} 3x + y = 5 \\ 2x - 5y = -8 \end{cases}$
(3) $\begin{cases} 3x + 5y - z = 7 \\ x - 2y + 3z = 2 \\ 6x + y + 3z = 10 \end{cases}$

(4) $\begin{cases} x + y + z - w = 2 \\ 2x - 3y + z + 4w = 4 \\ x - y - z + w = 0 \\ -2x - y + 2z + 3w = 2 \end{cases}$

問 2.4　$\begin{cases} 2x - 5y = 7 \\ 4x - 10y = 14 \end{cases}$　を掃き出し法で解いても単位行列が出現しないことを確認せよ. また同時に, 逆行列の公式に入れても逆行列が求められないこと(逆行列が存在せず, 非正則であること)を確認し, この連立方程式を適当にパラメーターを指定して解け.

4.　再び逆行列を用いて解く

　ここでは, 第1節で展開した逆行列を用いて解く方法を少し拡張しておこう. たとえば,

$$\begin{cases} x + 2y = 4 \\ 2x + 5y = 9 \end{cases} \quad \cdots\cdots ① \quad , \quad \begin{cases} x + 2y = 3 \\ 2x + 5y = 7 \end{cases} \quad \cdots\cdots ②$$

を同時に, 一気に解くことを考える. これらは, それぞれ,

$$\begin{pmatrix} 1 & 2 \\ 2 & 5 \end{pmatrix} \begin{pmatrix} x \\ y \end{pmatrix} = \begin{pmatrix} 4 \\ 9 \end{pmatrix} \cdots\cdots ①' \quad , \quad \begin{pmatrix} 1 & 2 \\ 2 & 5 \end{pmatrix} \begin{pmatrix} x \\ y \end{pmatrix} = \begin{pmatrix} 3 \\ 7 \end{pmatrix} \cdots\cdots ②'$$

と書けるので, これは1つの式として合一させることが可能である. ①' の $\begin{pmatrix} x \\ y \end{pmatrix}$ を $\begin{pmatrix} x_1 \\ y_1 \end{pmatrix}$, ②' の $\begin{pmatrix} x \\ y \end{pmatrix}$ を $\begin{pmatrix} x_2 \\ y_2 \end{pmatrix}$ とすると, 上記の2式は,

$$\begin{pmatrix} 1 & 2 \\ 2 & 5 \end{pmatrix}\begin{pmatrix} x_1 & x_2 \\ y_1 & y_2 \end{pmatrix} = \begin{pmatrix} 4 & 3 \\ 9 & 7 \end{pmatrix}$$

である．したがって，$\begin{pmatrix} 1 & 2 \\ 2 & 5 \end{pmatrix}$ の逆行列 $\begin{pmatrix} 5 & -2 \\ -2 & 1 \end{pmatrix}$ を用いて，

$$\begin{pmatrix} 5 & -2 \\ -2 & 1 \end{pmatrix}\begin{pmatrix} 1 & 2 \\ 2 & 5 \end{pmatrix}\begin{pmatrix} x_1 & x_2 \\ y_1 & y_2 \end{pmatrix} = \begin{pmatrix} 5 & -2 \\ -2 & 1 \end{pmatrix}\begin{pmatrix} 4 & 3 \\ 9 & 7 \end{pmatrix}$$

$$\begin{pmatrix} 1 & 0 \\ 0 & 1 \end{pmatrix}\begin{pmatrix} x_1 & x_2 \\ y_1 & y_2 \end{pmatrix} = \begin{pmatrix} 5 & -2 \\ -2 & 1 \end{pmatrix}\begin{pmatrix} 4 & 3 \\ 9 & 7 \end{pmatrix}$$

$$\begin{pmatrix} x_1 & x_2 \\ y_1 & y_2 \end{pmatrix} = \begin{pmatrix} 5 & -2 \\ -2 & 1 \end{pmatrix}\begin{pmatrix} 4 & 3 \\ 9 & 7 \end{pmatrix}$$

$$\begin{pmatrix} x_1 & x_2 \\ y_1 & y_2 \end{pmatrix} = \begin{pmatrix} 2 & 1 \\ 1 & 1 \end{pmatrix}$$

となる．

さらに，ここからただちにわかるように，未知数の行列 $\begin{pmatrix} x_1 & x_2 \\ y_1 & y_2 \end{pmatrix}$ は何も 2行2列である必要はなく，一気に3個の連立方程式，4個の連立方程式，5個の連立方程式…，でも扱えることもわかる．もちろんその場合は，右辺もそれぞれ2行3列，2行4列，2行5列，…の行列になる．要するに，これもまた，第1節で述べた $AX = Y$ なる方程式があった場合，$X = A^{-1}Y$ として解を得ている形式である．今度の場合は，X, Y が1列の行列ではないというだけのことである．同じことだということを確認してほしい．

ところで，これが，そして本章の第1節についても（このレベルの記述では），いささか循環論法に陥らざるを得ないことにも気が付いてほしい．なんとなれば，じつは逆行列を求めることがそもそも解を求めることに相当するからであり，この逆行列を天下り的に公式の形で与えられてしまっては，それがそのまま結局のところ解に相当するからである．そのために，この記述は（論

法は）解を用いて解を出すかのような記述になっている.

これは, $\begin{pmatrix} 1 & 2 \\ 2 & 5 \end{pmatrix}$ の逆行列を求めるために, $\begin{pmatrix} 1 & 2 \\ 2 & 5 \end{pmatrix}\begin{pmatrix} x_1 & x_2 \\ y_1 & y_2 \end{pmatrix} = \begin{pmatrix} 1 & 0 \\ 0 & 1 \end{pmatrix}$

なる方程式を作り, $\begin{pmatrix} x_1 & x_2 \\ y_1 & y_2 \end{pmatrix}$ を確定しようとした場合により事態が鮮明に

なる[1]. 上記してきたように行おうとすると, 逆行列を公式で求めることがそ

のまま $\begin{pmatrix} x_1 & x_2 \\ y_1 & y_2 \end{pmatrix}$ の確定になるからである.

この論理性の欠如に多少なりとも一貫性を持たせるには, 掃き出し法に頼る

しかない. 次節でこの方法を紹介する.

5.   掃き出し法で逆行列を求める

第3節の後半部分で述べたことを再び整理することから始めよう.

$\begin{pmatrix} 1 & 2 \\ 2 & 5 \end{pmatrix}$ の逆行列を $\begin{pmatrix} x_1 & x_2 \\ y_1 & y_2 \end{pmatrix}$ とすると, $\begin{pmatrix} x_1 & x_2 \\ y_1 & y_2 \end{pmatrix}$ は,

$\begin{pmatrix} 1 & 2 \\ 2 & 5 \end{pmatrix}\begin{pmatrix} x_1 & x_2 \\ y_1 & y_2 \end{pmatrix} = \begin{pmatrix} 1 & 0 \\ 0 & 1 \end{pmatrix}$ あるいは, $\begin{pmatrix} x_1 & x_2 \\ y_1 & y_2 \end{pmatrix}\begin{pmatrix} 1 & 2 \\ 2 & 5 \end{pmatrix} = \begin{pmatrix} 1 & 0 \\ 0 & 1 \end{pmatrix}$

のようになるはずである. ——以下では $\begin{pmatrix} 1 & 2 \\ 2 & 5 \end{pmatrix}\begin{pmatrix} x_1 & x_2 \\ y_1 & y_2 \end{pmatrix} = \begin{pmatrix} 1 & 0 \\ 0 & 1 \end{pmatrix}$ のみ

を用いる.

---

[1] これを解くための逆行列は, $\begin{pmatrix} 5 & -2 \\ -2 & 1 \end{pmatrix}$ なのだから,

$$\begin{pmatrix} 5 & -2 \\ -2 & 1 \end{pmatrix}\begin{pmatrix} 1 & 2 \\ 2 & 5 \end{pmatrix}\begin{pmatrix} x_1 & x_2 \\ y_1 & y_2 \end{pmatrix} = \begin{pmatrix} 5 & -2 \\ -2 & 1 \end{pmatrix}\begin{pmatrix} 1 & 0 \\ 0 & 1 \end{pmatrix}$$

となって,

$$\begin{pmatrix} x_1 & x_2 \\ y_1 & y_2 \end{pmatrix} = \begin{pmatrix} 5 & -2 \\ -2 & 1 \end{pmatrix}$$

となるが, 元々の右辺が単位行列であることなどからこれはほとんど自明であり, ほとんど
同語反復ですらある.

$$\begin{pmatrix} 1 & 2 \\ 2 & 5 \end{pmatrix} \begin{pmatrix} x_1 & x_2 \\ y_1 & y_2 \end{pmatrix} = \begin{pmatrix} 1 & 0 \\ 0 & 1 \end{pmatrix}$$ は, $$\begin{cases} x_1 + 2y_1 = 1 \\ 2x_1 + 5y_1 = 0 \end{cases}$$ と $$\begin{cases} x_2 + 2y_2 = 0 \\ 2x_2 + 5y_2 = 1 \end{cases}$$

を行列形式で一緒に表示したものである. ということは, これも当然ながら前

節で示した掃き出し法による解法が有効であろう. つまり, $$\left(\begin{array}{cc|cc} 1 & 2 & 1 & 0 \\ 2 & 5 & 0 & 1 \end{array}\right)$$ と

して掃き出し法を用いて, 左側の正方行列を単位行列の形に変形したときに右

側の正方行列に現れるものが求める解, この場合はそれが逆行列, であること

がわかる. 実際にやってみよう. すると以下のようになる.

$$\left(\begin{array}{cc|cc} 1 & 2 & 1 & 0 \\ 2 & 5 & 0 & 1 \end{array}\right)$$

　　↓　　　… 第 1 行を 2 倍して第 2 行から引く

$$\left(\begin{array}{cc|cc} 2 & 4 & 2 & 0 \\ 0 & 1 & -2 & 1 \end{array}\right)$$

　　↓　　　… 第 2 行を 4 倍して第 1 行から引く

　　　（そして最後に左側の数字がすべて 1 となるように割り算をする）

$$\left(\begin{array}{cc|cc} 1 & 0 & 5 & -2 \\ 0 & 1 & -2 & 1 \end{array}\right)$$

すると, 確かに, 右側に逆行列が現れる. そしてもちろん, この方法論は, 逆

行列を有する行列（正則行列）すべてに適用可能である. したがって一般化し

ておくと, 以下のようになる.

　もし, 行列 A が正則で逆行列 A^{-1} を持つならば, 単位行列を E として,

$$(A \mid E) \xrightarrow{\text{掃き出し法}} (E \mid A^{-1})$$

となる.

　これも論より証拠であろう. 第 3 節と合わせて以下の問題, および章末の練

習問題で確認してほしい. また, この方法は, 何も逆行列を求めるためだけに

有効なのではなく, 一般的に, 同じ正方行列で表される異なる連立方程式を解

く場合にも有効である. 以下の問題と練習問題で確認してほしい.

問 2.5　以下の連立方程式を掃き出し法で解け.

(1) $\begin{cases} 2x - 5y = -1 \\ 3x + 4y = 10 \end{cases}$, $\begin{cases} 2x - 5y = 7 \\ 3x + 4y = -1 \end{cases}$

(2) $\begin{cases} x + 5y - 2z = 4 \\ 2x - y + 3z = 4 \\ 4x + y - z = 4 \end{cases}$, $\begin{cases} x + 5y - 2z = -1 \\ 2x - y + 3z = 5 \\ 4x + y - z = 3 \end{cases}$

(3) $\begin{cases} 3x - 7y = -4 \\ 2x + 5y = 7 \end{cases}$, $\begin{cases} 3x - 7y = -1 \\ 2x + 5y = 9 \end{cases}$, $\begin{cases} 3x - 7y = 10 \\ 2x + 5y = -3 \end{cases}$

問 2.6　掃き出し法を用いて, 以下の行列の逆行列を求め, それが確かに逆行列になっていることを検算して確認せよ.

(1) $\begin{pmatrix} -2 & -3 \\ 5 & 1 \end{pmatrix}$　(2) $\begin{pmatrix} -1 & -1 & 1 \\ 1 & 1 & 1 \\ 1 & -1 & -1 \end{pmatrix}$　(3) $\begin{pmatrix} 1 & 0 & 1 & -1 \\ -1 & -1 & 0 & 2 \\ 0 & 1 & -1 & 1 \\ 2 & 1 & 0 & 1 \end{pmatrix}$

6.　掃き出し法と行列のランク

　ここでは, 行列のランクという概念を紹介する. 先に, 連立方程式が一意に解けない場合について述べたが, これが行列のランクなるものに関わってくる.

　先に結論から述べておこう.

　いま, n 行 n 列の正方行列があったとして, この行列のランクが n ならばこの行列で表される連立方程式は一意に解ける（ということは, 言い換えればこの行列は正則行列で逆行列を有する）, ということである. すなわち, 本章の第 2 節で用いたようなパラメーターを 1 つも使うことなく解ける. しかし, この行列のランクが $n-1$ ならばパラメーターを 1 つ用いなければ解けない. ランクが $n-2$ ならばパラメーターを 2 つ用いなければ解けない, $\cdots$ ということである. たとえば以下を解いてみよう.

$$\begin{cases} 2x - y + 3z = 6 \\ x + 2y - 3z = -4 \\ -x - 2y + 3z = 4 \end{cases}$$

これの第 2 式と第 3 式は同じである. ということは, この連立方程式は一意には

解けない. 以上をわかった上で, この左辺から作られた行列 $\begin{pmatrix} 2 & -1 & 3 \\ 1 & 2 & -3 \\ -1 & -2 & 3 \end{pmatrix}$

を掃き出し法で単位行列にすることを試みよう. どういうことになるだろうか?

$$\begin{pmatrix} 2 & -1 & 3 \\ 1 & 2 & -3 \\ -1 & -2 & 3 \end{pmatrix}$$

↓ ・・・ 2 行目を 3 行目に足す

$$\begin{pmatrix} 2 & -1 & 3 \\ 1 & 2 & -3 \\ 0 & 0 & 0 \end{pmatrix}$$

↓ ・・・ 1 行目を 2 行目に足す

$$\begin{pmatrix} 2 & -1 & 3 \\ 3 & 1 & 0 \\ 0 & 0 & 0 \end{pmatrix}$$

↓ ・・・ 2 行目を 1 行目に足す

$$\begin{pmatrix} 5 & 0 & 3 \\ 3 & 1 & 0 \\ 0 & 0 & 0 \end{pmatrix}$$

↓ ・・・ [(2 行目) × 5 − (1 行目) × 3] とする

$$\begin{pmatrix} 15 & 0 & 9 \\ 0 & 5 & 0 \\ 0 & 0 & 0 \end{pmatrix}$$

↓ ・・・ 1 行目を 3 で割り, 2 行目を 5 で割る

$$\begin{pmatrix} 5 & 0 & 3 \\ 0 & 1 & 0 \\ 0 & 0 & 0 \end{pmatrix}$$

と，これ以上どうにもならなくなったのだが，重要な点は，3行目がすべて0になっていることである．こういう行列を「ランク2の行列」（0でない数字が入るのは上から2行だけ）と呼ぶ．で，この3行3列の行列でランク2という場合には，こういう行列によって表される連立方程式は解ける場合であったとしても，パラメーターを1つ指定してやらないと解を表せないのである．おおよそ，言わんとすることが推測できたと思うが，その他，5行5列の行列でランク2ならば（ランク2ということは掃き出し法で整理していって上から2つの行しか残らずに他は全部0になってしまう，ということである），$5 - 2 = 3$で，パラメーターを3つ指定してやらないと解を表せない．

すなわち，n行n列の行列がランクmである場合は，解を表すのに必要なパラメーターの数は$n - m$個である，ということである．

問 2.7 以下の行列のランクを求めよ．

(1) $\begin{pmatrix} 1 & 0 & -2 \\ -2 & 4 & 4 \\ 3 & 1 & -6 \end{pmatrix}$ (2) $\begin{pmatrix} 1 & 2 & -3 \\ 0 & 1 & 6 \\ -1 & 4 & 1 \end{pmatrix}$ (3) $\begin{pmatrix} 1 & 3 & -1 & 0 \\ 3 & -2 & 2 & 1 \\ 1 & 0 & 5 & -1 \\ -2 & -6 & 2 & 0 \end{pmatrix}$

練習問題

2-1 次の連立方程式を以下の方法で解け．まず，① 行列表示し，② 逆行列を求め，③ その逆行列を用いて解け．ただし，逆行列が存在しない場合は，適当に変数を指定して解け．

(1) $\begin{cases} 3x - 7y = 5 \\ -3x + 7y = -5 \end{cases}$ (2) $\begin{cases} 2x - y = 3 \\ 3x - 2y = 4 \end{cases}$ (3) $\begin{cases} x + 2y = 3 \\ 3x + 6y = 9 \end{cases}$

(4) $\begin{cases} x + 5y = 6 \\ 2x - y = 1 \end{cases}$, $\begin{cases} x + 5y = -3 \\ 2x - y = 5 \end{cases}$

(5) $\begin{cases} 2x - 3y = 5 \\ 3x + y = 2 \end{cases}$, $\begin{cases} 2x - 3y = -1 \\ 3x + y = 4 \end{cases}$, $\begin{cases} 2x - 3y = 4 \\ 3x + y = 6 \end{cases}$

2-2　以下の行列の逆行列を掃き出し法で求めよ．また，逆行列が存在しない場合は，その行列のランクを答えよ．

(1) $\begin{pmatrix} 1 & -3 \\ 8 & 2 \end{pmatrix}$　(2) $\begin{pmatrix} 0 & 1 & 2 \\ 1 & 2 & 1 \\ 2 & 1 & 0 \end{pmatrix}$　(3) $\begin{pmatrix} -2 & 0 & 4 \\ 1 & 1 & -2 \\ 3 & 1 & -6 \end{pmatrix}$

　以下では，少し毛色の異なった問題を挙げておく．ここまでの知識を元にして研究してみるとより理解が深まるであろう．

2-3　〈研究問題〉

　行列 $\begin{pmatrix} \lambda & 1 & 0 \\ 1 & 0 & 0 \\ 1 & 1 & \lambda^2 + 1 \end{pmatrix}$ が正則ではない場合の λ を求めよ．（ヒント：掃き出し法を使え．）

2-4　〈研究問題〉

　行列 $A = \begin{pmatrix} 1 & 0 & 0 \\ 2 & 1 & 0 \\ 0 & 2 & 1 \end{pmatrix}$ に対して，$AX = XA$ となる行列 X はどんな行列であ

ればよいか．（ヒント：$A = \begin{pmatrix} 1 & 0 & 0 \\ 2 & 1 & 0 \\ 0 & 2 & 1 \end{pmatrix} = \begin{pmatrix} 1 & 0 & 0 \\ 0 & 1 & 0 \\ 0 & 0 & 1 \end{pmatrix} + \begin{pmatrix} 0 & 0 & 0 \\ 2 & 0 & 0 \\ 0 & 2 & 0 \end{pmatrix}$, $X =$

$\begin{pmatrix} a & b & c \\ d & e & f \\ g & h & i \end{pmatrix}$ として X を求めよ．）

2-5　〈研究問題〉

　$A = \begin{pmatrix} a & b \\ c & d \end{pmatrix}$ について，ケーリー・ハミルトンの定理 $A^2 - (a+d)A + (ad-bc)E = O$

が成立することを確認せよ．ただし O は零行列である．

行列式とクラメルの公式
──さらに連立方程式を解く！──

　本章でも連立方程式を解く手法を詳述する．クラメルの公式である．この公式は，線形代数を学ぶと確実にお目にかかるいわば線形代数の代名詞のような公式である．

　ただし，この公式を展開するには，あらたに行列式という概念（道具）を導入しなければならない．そして，厄介なことに，この行列式をしっかりと導入しようとすると置換といういささか面倒くさい概念から始めて延々と論じなくてはならない．そこで，本書では，行列式なる概念を天下り式に提示し，それを用いてクラメルの公式なるものを紹介するに留める．したがっていくらか本章は独立的な印象を得るかもしれないが，行列式なる概念は，あちらこちらに頻出する概念である．読者にあっては是非ともこれに習熟するよう努めてほしい．

1. どういう発想で，何をやろうとしているのか？

とかく人間というものは，特に数学者や物理学者，あるいは一群の哲学者というものは一般的であるとか普遍的であるとか，個別具体に飽き足らず，その背後にある美しい規則性を見出そうとするものであるらしい．本章で述べることは，とりたててそういう感を強く抱く類のものであろう．

クラメルの公式[1]なるものを紹介するのだが，これはたとえば以下のような連立方程式を数字の組み合わせだけで解く方法（あるいはその規則）を見出そうとするところから始まったと述べても過言ではない．すな

わち，たとえば $\begin{cases} x + 5y = 6 \\ 2x - y = 1 \end{cases}$ を解く場合である．もち

Gabriel Cramer
(1704–1752)

ろんこの解は，$\begin{pmatrix} x \\ y \end{pmatrix} = \begin{pmatrix} 1 \\ 1 \end{pmatrix}$ で，単純そのものであ

る．ではこれを，ここに現れている数字 $1, 5, 6, 2, -1, 1$ をうまく組み合わせて $x = 1, y = 1$ と導出する方法はないだろうか？　これを導出するには，数字を

すべて文字に変えて解いてみればよい．すると，解くべきは，$\begin{cases} ax + by = e \\ cx + dy = f \end{cases}$,

となり，$\begin{cases} x = \dfrac{ed - bf}{ad - bc} \\ y = \dfrac{af - ec}{ad - bc} \end{cases}$ となる（上記した方程式だけでなく他にも試してみ

るといい．当たり前だが，この通りに数字を入れればちゃんと解ける）．

だが，即座にわかるように，方程式が3つで未知数が3つならどうなるのか？　この程度なら，数字に相当する箇所を文字にして解いたらいい．がしか

---

[1] Cramer's rule（クラメルの公式）は日本語の表記が統一されておらず，クラーメル，クラメール，と表記されている書物もいくつかあるが，クラメルが発音に近いと思われる．
　　クラメルの公式は，スイスの数学者ガブリエル・クラメル（Gabriel Cramer, 1704–1752）によって定式化されたことに因んでいる（1750 年）．なお，同様の公式は 1747 年にマクローリン（マクローリン展開のマクローリン：微分積分篇 p.62 参照のこと）によって公表されていたが，今日，クラメルの公式として知られるようになっている．

し，未知数が4つなら？　5つなら？　…それより，一般的に未知数が n 個で方程式が n 個の場合にはどうすればいいのだろうか？　本章で提示する理論はこうした動機から構築されたものである．以下の第2節では，まずこの目的のために主要な道具である「行列式」という概念を導入する．

2. 行列式—determinant—の導入

まず，もう一度第1節での公式を眺めてみると，見覚えのある形式が出現していることに気が付く．方程式の係数から作った $ad - bc$ である．これは逆行列の公式にも現れていた！　なんとなれば，この部分すなわち，$\dfrac{1}{ad - bc}$ を

括りだしてみると，$\begin{cases} x = \dfrac{1}{ad - bc}(ed - bf) \\ y = \dfrac{1}{ad - bc}(-ec + af) \end{cases}$ となり，行列表示してみると，

$\begin{pmatrix} x \\ y \end{pmatrix} = \dfrac{1}{ad - bc} \begin{pmatrix} d & -b \\ -c & a \end{pmatrix} \begin{pmatrix} e \\ f \end{pmatrix}$ となって確かに逆行列が現れた！

さて，話を戻して，端的に結論から述べると，$ad - bc$ が行列式である．すなわち，2行2列の行列 $\begin{pmatrix} a & b \\ c & d \end{pmatrix}$ に対して行列式を $ad - bc$ と定義し，これを通

常，絶対値のような記号で，$\begin{vmatrix} a & b \\ c & d \end{vmatrix} = ad - bc$ と書く[2]．（行列式のよりくわ

しい解説は，第4章2.3節，p.67，およびインターリュード—《間奏曲》—Ⅱの第2節を参照のこと）．

では，3行3列の行列 $\begin{pmatrix} a & b & c \\ d & e & f \\ g & h & i \end{pmatrix}$ の場合の行列式はどうなるのか？　こ

れは，サラスの方法というよく知られた計算方法がある．以下である．

---

[2]　Δ（大文字のデルタ）という記号で簡略化して，$\Delta = \begin{vmatrix} a & b \\ c & d \end{vmatrix} = ad - bc$ とする場合もある．あるいは，$\det A$ や $|A|$ と書く場合もある．—ただし，ここでは2行2列を例にしているが，この記法がすべてに共通することはもちろんである．

$$\begin{vmatrix} a & b & c \\ d & e & f \\ g & h & i \end{vmatrix} = aei + bfg + chd - ceg - bdi - ahf$$

ここで，左から右への逆袈裟（薄い線）がプラスで，右から左の袈裟（濃い線）がマイナスである（以下の図を参照のこと）．

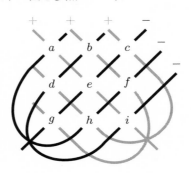

図 3.1　サラスの方法

　しかし，4行4列，5行5列，… となると別の方法を用いざるを得ない（4行4列以上の場合はサラスの方法で計算できない）．これ以上の行列式は一般的な展開方法で，n 行 n 列の行列の行列式を求める方法である．

　簡単化のためにまずは一般論を3行3列で示し，それが結果的にサラスの方法と一致することを見よう．で，その方法で，さらに高次の正方行列の行列式を求めてみることにする．もっとも，計算方法というだけで概念的には3行3列（あるいは2行2列）の行列で展開されることとなんら本質的な違いはないことはもちろんである．

　では，サラスの方法を用いないで3行3列の行列式を示してみよう．

　あらためて，$A = \begin{pmatrix} a_{11} & a_{12} & a_{13} \\ a_{21} & a_{22} & a_{23} \\ a_{31} & a_{32} & a_{33} \end{pmatrix}$ として行列式を1行目で展開してみ

る（1行目で展開する，という言い方はのちほどイメージとして了解されてくる）．すると，

$$|A| = a_{11} \begin{vmatrix} a_{22} & a_{23} \\ a_{32} & a_{33} \end{vmatrix} - a_{12} \begin{vmatrix} a_{21} & a_{23} \\ a_{31} & a_{33} \end{vmatrix} + a_{13} \begin{vmatrix} a_{21} & a_{22} \\ a_{31} & a_{32} \end{vmatrix} \qquad \cdots\cdots\cdots (\text{甲})$$

$$= a_{11} (a_{22}a_{33} - a_{23}a_{32}) - a_{12} (a_{21}a_{33} - a_{23}a_{31}) + a_{13} (a_{21}a_{32} - a_{22}a_{31})$$

$$= a_{11}a_{22}a_{33} + a_{12}a_{23}a_{31} + a_{13}a_{21}a_{32} - a_{11}a_{23}a_{32} - a_{12}a_{21}a_{33} - a_{13}a_{21}a_{32}$$

である．この展開式の第2式からはいいとして，最初の表記についてである．われわれは，a_{11}, a_{12}, a_{13} でもって展開しようとしているのだが，まず，a_{11} は1行1列目の要素である．これを頭に持ってくる場合は，最初に与えられた3行3列の行列 A から1行目と1列目を除いて $\begin{pmatrix} a_{22} & a_{23} \\ a_{32} & a_{33} \end{pmatrix}$ の行列の行列式をとる．そして，a_{11} を頭に持ってきて $a_{11} \begin{vmatrix} a_{22} & a_{23} \\ a_{32} & a_{33} \end{vmatrix}$ が展開式の第1項となる．次に1行2列の要素である a_{12} を頭に持ってくる場合には，行列 A から1行目と2列目を除いた $\begin{pmatrix} a_{21} & a_{23} \\ a_{31} & a_{33} \end{pmatrix}$ の行列の行列式をとり，$a_{12} \begin{vmatrix} a_{21} & a_{23} \\ a_{31} & a_{33} \end{vmatrix}$ とする．さらに，1行3列の要素である a_{13} を頭に持ってくる場合には，行列 A から1行目と3列目を除いた行列 $\begin{pmatrix} a_{21} & a_{22} \\ a_{31} & a_{32} \end{pmatrix}$ の行列式をとり，$a_{13} \begin{vmatrix} a_{21} & a_{22} \\ a_{31} & a_{32} \end{vmatrix}$ とする．さらに，ここで不可解なのが，$a_{12} \begin{vmatrix} a_{21} & a_{23} \\ a_{31} & a_{33} \end{vmatrix}$ だけマイナスが付いていることである．これは，それぞれの項の前に $(-1)^w$ の因子を付け，$w = n + m$，ただし n と m は n 行 m 列の n と m であるとして導入する．すると，a_{11} は1行1列の要素だから，$n = 1$，$m = 1$ で $w = 2$ となり，符号はプラスである．a_{12} は1行2列の要素なので $n = 1$，$m = 2$ なので $w = 3$ となり，符号はマイナス，a_{13} は1行3列の要素なので $n = 1$，$m = 3$ で $w = 4$ となり，符号はプラスである．つまり，

$$\begin{vmatrix} a_{11} & a_{12} & a_{13} \\ a_{21} & a_{22} & a_{23} \\ a_{31} & a_{32} & a_{33} \end{vmatrix} = (-1)^2 a_{11} \begin{vmatrix} a_{22} & a_{23} \\ a_{32} & a_{33} \end{vmatrix} + (-1)^3 a_{12} \begin{vmatrix} a_{21} & a_{23} \\ a_{31} & a_{33} \end{vmatrix} + (-1)^4 a_{13} \begin{vmatrix} a_{21} & a_{22} \\ a_{31} & a_{32} \end{vmatrix}$$

となって，展開式は最初の形（上記の（甲）の形）になるのである．図 3.2 に
図示もしておくので文章と対照しながらよく確認してほしい．

(右辺第 1 項) $\rightarrow$ $\begin{vmatrix} a_{11} & a_{12} & a_{13} \\ a_{21} & a_{22} & a_{23} \\ a_{31} & a_{32} & a_{33} \end{vmatrix}$ $\rightarrow$ $(-1)^{1+1} a_{11} \begin{vmatrix} a_{22} & a_{23} \\ a_{32} & a_{33} \end{vmatrix}$

1 行目と 1 列目をはぶいて a_{11} を外に出し，
1 行 1 列要素なので $(-1)^{1+1}$ とする．

(右辺第 2 項) $\rightarrow$ $\begin{vmatrix} a_{11} & a_{12} & a_{13} \\ a_{21} & a_{22} & a_{23} \\ a_{31} & a_{32} & a_{33} \end{vmatrix}$ $\rightarrow$ $(-1)^{1+2} a_{12} \begin{vmatrix} a_{21} & a_{23} \\ a_{31} & a_{33} \end{vmatrix}$

1 行目と 2 列目をはぶいて a_{12} を外に出し，
1 行 2 列要素なので $(-1)^{1+2}$ とする．

(右辺第 3 項) $\rightarrow$ $\begin{vmatrix} a_{11} & a_{12} & a_{13} \\ a_{21} & a_{22} & a_{23} \\ a_{31} & a_{32} & a_{33} \end{vmatrix}$ $\rightarrow$ $(-1)^{1+3} a_{13} \begin{vmatrix} a_{21} & a_{22} \\ a_{31} & a_{32} \end{vmatrix}$

1 行目と 3 列目をはぶいて a_{13} を外に出し，
1 行 3 列要素なので $(-1)^{1+3}$ とする．

図 3.2

　さて，ここでただちに以下の問題を解いてみよ．これは絶対に行ってここで
解説したことを会得しなければならない．

　単純なので 1 行目の要素で展開する場合を例示したが，n 行目の要素でも m
列目の要素であっても同じ要領でもって展開すればよい．以下の問 3.1 を解く
ことで読者自らこの方法を体感することで一般化してほしい．

問 3.1　行列 $A = \begin{pmatrix} a_{11} & a_{12} & a_{13} \\ a_{21} & a_{22} & a_{23} \\ a_{31} & a_{32} & a_{33} \end{pmatrix}$ の行列式を以下の方法で求めよ.

(1) 1列目の3つの要素で展開することで求めよ.
(2) 3行目の3つの要素で展開することで求めよ.
(3) 2列目の3つの要素で展開することで求めよ.

　ここで詳述した展開方法はさらに高次の正方行列になっても妥当する. 以下で4行4列の場合についても記載しておくので確認してほしい.

$A = \begin{pmatrix} a_{11} & a_{12} & a_{13} & a_{14} \\ a_{21} & a_{22} & a_{23} & a_{24} \\ a_{31} & a_{32} & a_{33} & a_{34} \\ a_{41} & a_{42} & a_{43} & a_{44} \end{pmatrix}$ の行列式を求める. 3行目で展開すると以下

のようになる（あえて3行目で展開しておくので, 問 3.1 と共に確認してほしい）.

$$|A| = (-1)^{3+1}a_{31}\begin{vmatrix} a_{12} & a_{13} & a_{14} \\ a_{22} & a_{23} & a_{24} \\ a_{42} & a_{43} & a_{44} \end{vmatrix} + (-1)^{3+2}a_{32}\begin{vmatrix} a_{11} & a_{13} & a_{14} \\ a_{21} & a_{23} & a_{24} \\ a_{41} & a_{43} & a_{44} \end{vmatrix}$$

$$+ (-1)^{3+3}a_{33}\begin{vmatrix} a_{11} & a_{12} & a_{14} \\ a_{21} & a_{22} & a_{24} \\ a_{41} & a_{42} & a_{44} \end{vmatrix} + (-1)^{3+4}a_{34}\begin{vmatrix} a_{11} & a_{12} & a_{13} \\ a_{21} & a_{22} & a_{23} \\ a_{41} & a_{42} & a_{43} \end{vmatrix}$$

3行3列の行列式はサラスの方法を用いればよい.

　ここで以下の問題で4行4列の行列の行列式の展開を確認せよ.

問 3.2　$A = \begin{pmatrix} a_{11} & a_{12} & a_{13} & a_{14} \\ a_{21} & a_{22} & a_{23} & a_{24} \\ a_{31} & a_{32} & a_{33} & a_{34} \\ a_{41} & a_{42} & a_{43} & a_{44} \end{pmatrix}$ の行列式を以下の方法で展開せよ.

(1) 3行目の4つの要素で3行3列の行列の行列式に展開せよ.

(2) 2 列目の 4 つの要素で 3 行 3 列の行列の行列式に展開せよ.

問 3.3　以下の正方行列の行列式を求めよ.

(1) $\begin{pmatrix} 1 & 2 & -2 \\ 4 & -3 & 3 \\ 1 & -2 & -4 \end{pmatrix}$　(2) $\begin{pmatrix} -1 & 2 & 5 \\ -2 & 2 & 0 \\ 3 & 4 & 1 \end{pmatrix}$　(3) $\begin{pmatrix} 1 & 2 & -3 & 2 \\ 2 & -2 & 1 & -1 \\ 0 & 1 & 3 & 0 \\ 0 & 3 & -1 & 2 \end{pmatrix}$

3.　クラメルの公式

　以上で, 一般的に n 個の未知数を有する連立方程式の解の公式—クラメルの公式—を提示する準備が整った. まずは, 未知数が 2 つの場合から提示し, そこから未知数が 3 つの場合を推測し, それが確かに妥当することをもって, 帰納的に一般的な公式を提示することにしよう.

　さて, 未知数 2 個, 方程式 2 個の場合であるが, 先に示したように, これは,

$$\begin{cases} ax + by = e \\ cx + dy = f \end{cases} \quad \text{に対して解は} \quad \begin{cases} x = \dfrac{ed - bf}{ad - bc} \\ y = \dfrac{af - ec}{ad - bc} \end{cases}$$

であったが, これは, 明らかに, 行列式を使って以下のように書ける. つまり,

$$x = \frac{\begin{vmatrix} e & b \\ f & d \end{vmatrix}}{\begin{vmatrix} a & b \\ c & d \end{vmatrix}}, \; y = \frac{\begin{vmatrix} a & e \\ c & f \end{vmatrix}}{\begin{vmatrix} a & b \\ c & d \end{vmatrix}}$$

である. まず分母は, 明らかに未知数の係数から作った行列 $\begin{pmatrix} a & b \\ c & d \end{pmatrix}$ の行列

式である. 次に, すべての数を並べた行列 $\left(\begin{array}{cc|c} a & b & e \\ c & d & f \end{array}\right)$ について, x の解は,

x の係数である $\begin{pmatrix} a \\ c \end{pmatrix}$ を $\begin{pmatrix} e \\ f \end{pmatrix}$ に置き換えた行列 $\begin{pmatrix} e & b \\ f & d \end{pmatrix}$ の行列式が分子に

来て，y の解は，y の係数である $\begin{pmatrix} b \\ d \end{pmatrix}$ を $\begin{pmatrix} e \\ f \end{pmatrix}$ に置き換えた行列 $\begin{pmatrix} a & e \\ c & f \end{pmatrix}$ の行列式が分子に来るのである．

未知数が 3 つで方程式が 3 つの連立方程式であっても同じで，以下のようにな

る．つまり，$\begin{cases} a_{11}x + a_{12}y + a_{13}z = b_1 \\ a_{21}x + a_{22}y + a_{23}z = b_2 \\ a_{31}x + a_{32}y + a_{33}z = b_3 \end{cases}$ について，行列 $\left(\begin{array}{ccc|c} a_{11} & a_{12} & a_{13} & b_1 \\ a_{21} & a_{22} & a_{23} & b_2 \\ a_{31} & a_{32} & a_{33} & b_3 \end{array} \right)$

を同じように操作しよう．すると，$|A|$ を $\begin{pmatrix} a_{11} & a_{12} & a_{13} \\ a_{21} & a_{22} & a_{23} \\ a_{31} & a_{32} & a_{33} \end{pmatrix}$ の行列式として，

$$x = \frac{\begin{vmatrix} b_1 & a_{12} & a_{13} \\ b_2 & a_{22} & a_{23} \\ b_3 & a_{32} & a_{33} \end{vmatrix}}{|A|}, \ y = \frac{\begin{vmatrix} a_{11} & b_1 & a_{13} \\ a_{21} & b_2 & a_{23} \\ a_{31} & b_3 & a_{33} \end{vmatrix}}{|A|}, \ z = \frac{\begin{vmatrix} a_{11} & a_{12} & b_1 \\ a_{21} & a_{22} & b_2 \\ a_{31} & a_{32} & b_3 \end{vmatrix}}{|A|}$$

である．各自，実際にこれが成立することを以下の問題で確認せよ．

問 3.4

(1) $\begin{cases} x + 2y - z = 2 \\ 2x - 3y + z = 3 \\ -x + 3y - 2z = -3 \end{cases}$ をクラメルの公式を用いて解き，それが確かに与式を

満たすことを確認せよ．

(2) $\begin{cases} x + 2y - z = 4 \\ 2x - 3y + z = -3 \\ -x + 3y - 2z = 3 \end{cases}$ をクラメルの公式を用いて解き，それが確かに与式を満

たすことを確認せよ．

さて，以上から一般的に n 個の未知数を有する n 個の方程式からなる連立方
程式の解は以下のようになると帰納的に推測できる．

$$\begin{cases} a_{11}x_1 + \cdots + a_{1n}x_n = b_1 \\ \vdots \qquad \vdots \qquad \vdots \qquad \vdots \\ a_{n1}x_1 + \cdots + a_{nn}x_n = b_n \end{cases}$$ と表される連立方程式があった場合，m 列目

の係数が掛かっていた未知数 x_m（左から数えて m 番目の未知数）は，その m

列目の係数を $\begin{pmatrix} b_1 \\ \vdots \\ b_n \end{pmatrix}$ と入れ換えて行列式とし，以下のようになる．すなわち，

$$x_m = \frac{\begin{vmatrix} a_{11} & \cdots & a_{1m-1} & b_1 & a_{1m+1} & \cdots & a_{1n} \\ \vdots & \ddots & \vdots & \vdots & \vdots & \ddots & \vdots \\ a_{n1} & \cdots & a_{nm-1} & b_n & a_{nm+1} & \cdots & a_{nn} \end{vmatrix}}{|A|}$$

である．ここで，もちろん $|A| = \begin{vmatrix} a_{11} & \cdots & a_{1n} \\ \vdots & \ddots & \vdots \\ a_{n1} & \cdots & a_{nn} \end{vmatrix}$ である．

4.　クラメルの公式から逆行列へ

さて，以上から「正面突破で解く」ことで任意の行列の逆行列を求める道筋も見えてくる．どういうことか？

たとえば，3行3列の行列 $A = \begin{pmatrix} 1 & 2 & -1 \\ 2 & 1 & 1 \\ -1 & 1 & 1 \end{pmatrix}$ の逆行列を求めてみよう．

これを正面突破するには，まともに

$$\begin{pmatrix} 1 & 2 & -1 \\ 2 & 1 & 1 \\ -1 & 1 & 1 \end{pmatrix} \begin{pmatrix} x_1 & y_1 & z_1 \\ x_2 & y_2 & z_2 \\ x_3 & y_3 & z_3 \end{pmatrix} = \begin{pmatrix} 1 & 0 & 0 \\ 0 & 1 & 0 \\ 0 & 0 & 1 \end{pmatrix}$$

を解けばいい．個々の連立方程式に解体してチマチマと解くとすれば3行3列でもウンザリするが，いまやわれわれにはクラメルの公式がある．つまり，左辺の

計算結果の第1列は $\begin{cases} x_1 + 2x_2 - x_3 = 1 \\ 2x_1 + x_2 + x_3 = 0 \\ -x_1 + x_2 + x_3 = 0 \end{cases}$ なのだから, $\Delta = \begin{vmatrix} 1 & 2 & -1 \\ 2 & 1 & 1 \\ -1 & 1 & 1 \end{vmatrix}$

として, クラメルの公式から,

$$x_1 = \frac{1}{\Delta} \begin{vmatrix} 1 & 2 & -1 \\ 0 & 1 & 1 \\ 0 & 1 & 1 \end{vmatrix}, \quad x_2 = \frac{1}{\Delta} \begin{vmatrix} 1 & 1 & -1 \\ 2 & 0 & 1 \\ -1 & 0 & 1 \end{vmatrix}, \quad x_3 = \frac{1}{\Delta} \begin{vmatrix} 1 & 2 & 1 \\ 2 & 1 & 0 \\ -1 & 1 & 0 \end{vmatrix}$$

である. ということは, 同様に

$$y_1 = \frac{1}{\Delta} \begin{vmatrix} 0 & 2 & -1 \\ 1 & 1 & 1 \\ 0 & 1 & 1 \end{vmatrix}, \quad y_2 = \frac{1}{\Delta} \begin{vmatrix} 1 & 0 & -1 \\ 2 & 1 & 1 \\ -1 & 0 & 1 \end{vmatrix}, \quad y_3 = \frac{1}{\Delta} \begin{vmatrix} 1 & 2 & 0 \\ 2 & 1 & 1 \\ -1 & 1 & 0 \end{vmatrix}$$

$$z_1 = \frac{1}{\Delta} \begin{vmatrix} 0 & 2 & -1 \\ 0 & 1 & 1 \\ 1 & 1 & 1 \end{vmatrix}, \quad z_2 = \frac{1}{\Delta} \begin{vmatrix} 1 & 0 & -1 \\ 2 & 0 & 1 \\ -1 & 1 & 1 \end{vmatrix}, \quad z_3 = \frac{1}{\Delta} \begin{vmatrix} 1 & 2 & 0 \\ 2 & 1 & 0 \\ -1 & 1 & 1 \end{vmatrix}$$

である. これらを実際に計算すると, 逆行列は, $\dfrac{1}{3} \begin{pmatrix} 0 & 1 & -1 \\ 1 & 0 & 1 \\ -1 & 1 & 1 \end{pmatrix}$ である.

相変わらず計算は面倒だが, ちょっとした気分の良さを味わってほしい.

　もちろん, n 行 n 列の場合も同様だが, 紙幅の関係と記述が煩雑になるだけなのでこの例から読者自身の頭の中で帰納して一般化を試みてほしい. 難解ではないはずである.

5.　さらに行列式について

　本節では, 行列式の性質についてそのいくつかを紹介しよう. ただし, 本書は, 特にこうした計算が敏速にできるようになることを目的にしているわけではない. 行列式についての重要なことは前節まででほぼ尽きている. 本節は, 「なるほどなぁ」と思ってそれなりに納得しながら読めればそれでよい.

≪性質1≫

1つの行なり列なりを α 倍すると行列式の値も α 倍される．これは1つ事例を示せば充分だろう．たとえば，$2 \times \begin{vmatrix} 1 & 2 \\ -1 & 3 \end{vmatrix} = \begin{vmatrix} 2 & 4 \\ -1 & 3 \end{vmatrix} = \begin{vmatrix} 2 & 2 \\ -2 & 3 \end{vmatrix} = 10$ である．

≪性質2≫

行の入れ換え，あるいは列の入れ換えで符号が逆転する．これも1つ事例を示す．たとえば，$\begin{vmatrix} 1 & 2 \\ 4 & 3 \end{vmatrix} = -\begin{vmatrix} 4 & 3 \\ 1 & 2 \end{vmatrix} = -\begin{vmatrix} 2 & 1 \\ 3 & 4 \end{vmatrix} = -5$ である．

≪性質3≫

転置しても値が変わらない．

これも1つ示せば充分であろう．$\begin{vmatrix} 2 & 5 \\ -2 & 1 \end{vmatrix} = \begin{vmatrix} 2 & -2 \\ 5 & 1 \end{vmatrix} = 12$ である．気になる読者は適当な3行3列あたりの行列で試してみるとよい．

≪性質4≫

掃き出し法の手法で数字を操作して行列を変形しても行列式の値は変わらない（おそらくこれが計算にはもっとも重要であろう）．ただし，この際，0を増やすために2倍したり3倍にしたりしたら必ず割り算をして元に戻しておかないといけない．なぜならば，≪性質1≫で述べた性質があるからである．

例を示しておこう．たとえば，$\begin{vmatrix} 1 & -2 & 3 \\ 2 & 1 & 1 \\ 1 & -1 & 3 \end{vmatrix} = 5$ なのだが，この値が変形に不変であることを示す．

[第1行から第3行を引くと] $\rightarrow \begin{vmatrix} 0 & -1 & 0 \\ 2 & 1 & 1 \\ 1 & -1 & 3 \end{vmatrix} = 5$ つまり，変化なし．さらに，

[第 3 行を第 2 行に足すと] → $\begin{vmatrix} 0 & -1 & 0 \\ 3 & 0 & 4 \\ 1 & -1 & 3 \end{vmatrix} = 5$ つまり，変化なし．さらに，

[第 3 行から第 1 行を引くと] → $\begin{vmatrix} 0 & -1 & 0 \\ 3 & 0 & 4 \\ 1 & 0 & 3 \end{vmatrix} = 5$ つまり，変化なし．さ

らに，

[第 3 行を 3 倍して第 2 行から引くと] → $\begin{vmatrix} 0 & -1 & 0 \\ 0 & 0 & -5 \\ 1 & 0 & 3 \end{vmatrix} = 5$ つまり，変化な

しである．

なお，本書では本文中では扱っていないが，列についても同じことができるのでやってみる．つまり，ここから，

[第 1 列を 3 倍して第 3 列から引くと] → $\begin{vmatrix} 0 & -1 & 0 \\ 0 & 0 & -5 \\ 1 & 0 & 0 \end{vmatrix} = 5$ でやはり変化

なしである．ちなみに，マイナスが 2 つ付いているので両方とも取ってしまっ

たら $\begin{vmatrix} 0 & 1 & 0 \\ 0 & 0 & 5 \\ 1 & 0 & 0 \end{vmatrix} = 5$ でやはり変化なし（マイナスの符号を取ることは，-1 を

掛けることに相当するので，それを 2 回行えば変化なしである．≪性質 1≫より）．

もうこれで充分なのだが，さらに蛇足的に‥‥．

この段階で行を入れ換えてみると，≪性質 2≫で述べた通りに $\begin{vmatrix} 0 & 0 & 5 \\ 0 & 1 & 0 \\ 1 & 0 & 0 \end{vmatrix} = -5$

となって符号が入れ替わった（あえて逆対角に数字を表すために第 2 行目と第 1 行目を入れ換えた）．さらに，5 を行列式の外に出して第 1 列目と第 3 列目

を入れ換えよう（$\frac{1}{5}$ を掛けたことになり，≪性質1≫を用いている）．すると，

$$5 \times \begin{vmatrix} 1 & 0 & 0 \\ 0 & 1 & 0 \\ 0 & 0 & 1 \end{vmatrix} = 5 \text{ となって再び符号が入れ替わった（元に戻った）．}$$

　以上，4点が重要な性質である．単純な例を提示することで解説したが，もちろん，これらの性質は一般的に成立する．行列式を計算する際に利用するとよい．

練習問題

3-1　以下の行列の行列式を求めよ．(4) (5) (6) は行列式の≪性質1〜4≫を使うとよい．

(1) $\begin{pmatrix} -1 & 2 & -1 \\ 1 & -2 & 3 \\ 2 & -3 & 1 \end{pmatrix}$　　(2) $\begin{pmatrix} 3 & 0 & 0 & 1 \\ 0 & 2 & 3 & -2 \\ 0 & -1 & 1 & 2 \\ 0 & 2 & -2 & -3 \end{pmatrix}$

(3) $\begin{pmatrix} -1 & 0 & 3 & 2 \\ 0 & 1 & 0 & 0 \\ -2 & 0 & 2 & -3 \\ 1 & 0 & -2 & 1 \end{pmatrix}$　　(4) $\begin{pmatrix} 1 & 0 & 1 & 0 & 1 \\ 0 & 1 & 0 & 1 & 0 \\ 1 & 0 & 1 & 0 & 1 \\ 0 & 1 & 0 & 1 & 0 \\ 1 & 0 & 1 & 0 & 1 \end{pmatrix}$

(5) $\begin{pmatrix} -1 & 2 & 1 \\ 1 & -2 & 1 \\ 8 & -1 & -2 \end{pmatrix}$　　(6) $\begin{pmatrix} -5 & 2 & 7 \\ 1 & 2 & 1 \\ 8 & -3 & -2 \end{pmatrix}$

3-2　以下の連立方程式をクラメルの公式を用いて解け．

(1) $\begin{cases} 5x - 8y = 2 \\ 3x + 2y = 8 \end{cases}$　　(2) $\begin{cases} x - y + 2z = 3 \\ 2x + 3y - 3z = 9 \\ x + y + 3z = 8 \end{cases}$　　(3) $\begin{cases} 10x + 3y = 16 \\ 2x + y = 4 \end{cases}$

(4) $\begin{cases} 2x + 3y + z = 7 \\ 3x + y - z = 6 \\ x + y - z = 4 \end{cases}$　　(5) $\begin{cases} x + y - 2z + w = 1 \\ 2x + y + 3z - 2w = 4 \\ -x - 2y + 2z + 3w = 2 \\ x + y + z - w = 2 \end{cases}$

3-3　p.31 の問 2.6 の (2) と (3) の逆行列をクラメルの公式を用いることで求めよ．

インターリュード─《間奏曲》─I

1. 価格決定のメカニズム

さて，縷々（るる），方程式の解き方とか，方程式が解けるとか解けないとか，グダグダと述べてきたのだが，経済学（あるいは経営学）において，ここまで記してきたようなタイプの方程式を解くような場合の典型例を提示しておこうと思う．

もっともよく知られているのは，近代経済学の出発点とも目される価格の決定メカニズムであろう．以下，この決定のメカニズムを簡潔に詳述する．

経済学の教えるところでは，価格は（すべての価格は）需要と供給のバランスで決定される．何も恣意的な外力が働かない状態（まさしく完全無欠の完璧・完全市場）にあって，このシステムはあらゆる場面において自然科学の理論のように機能しなくてはならないと目されている．つまり，理論的には，あらゆる価格は以下の機構で自然に，自動的に，落ち着くところへ落ち着くように決定される．ここに人間の介在は一切存在せず，こうした機構をアダム・スミス[1]は「神の手」と称したのである．

Adam Smith
(1723–1790)

経済学では，一般的に a, b を正の定数，P を価格として，供給量 Q_s は，

$$Q_s = -a + bP$$

と表される（添字 s は supply の頭文字）．これが供給関数である．

---

[1] アダム・スミス（Adam Smith, 1723–1790）は英国の哲学者・経済学者．近代経済学の祖とされ，主著である『国富論』の中で，本文中の機構を「神の手」と称したことはあまりにも有名である．

一方，c, d を正の定数，やはり価格 P を変数として，需要量 Q_d は，

$$Q_d = c - dP$$

と表される（添字 d は demand の頭文字）．これが需要関数である．

で，価格は，需要と供給がイコールとなったとき，すなわち，$Q_s = Q_d$ となる場合の P とされる．したがって，$-a + bP = c - dP$ より，均衡状態の場合の価格（ということは実現される価格）は，$P = \dfrac{a + c}{b + d}$ である．また，このときに，$Q_s = Q_d = \dfrac{-ad + bc}{b + d}$ である．

以下は，いわゆる需要–供給曲線のグラフである．われわれは，この曲線の交点を求めているのである．—と，これらはどの書物でもほとんどが直線で描かれているが，原理的に曲線であってもよいことと，直線もまた曲線の一形態であることから通常は曲線と称されている．

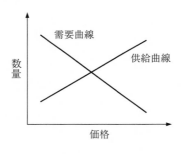

図 I.1

経済学において何かと何かを均衡させるような場合は，基本的にこの発想で数式を解けばよい．たとえば代表的なものは，IS-LM 曲線による分析（およびその均衡）である．非常に大雑把に述べれば，IS は財の，LM は貨幣の曲線で，これらが均衡するところで国民所得と利子率が決まる，というモデルである．ちょっと複雑にはなっているが，基本的には両者を等しいとして方程式を解くだけのことである．余力のある読者は調べてみるとよい．

　ところで，こうした「均衡する」（させる）という考え方は，現代経済学の根幹になっている．ほとんど，需要—供給の均衡方程式から近代経済学が始まったと述べても過言ではない．経済学の教えるところによれば，価格は，「モノ本来の価値」でもなく，「生産に要した労働の量」でもなく，専らどれだけ作られて（供給量），それがその時点でどれだけ必要とされているか（需要量），によるのである．あえて述べれば，これらはオークションの原理とも述べられるであろう．

　しかし，これもまたよくよく考えてみるに，こうした均衡を成立させるための条件が必要であることがわかる．第一に必要なものは，そうしたオークションのようなやり取りを可能とする場であるところの市場である．そして，かかる市場は，基本的に瞬時に参加者すべてに同じ情報が伝達され，共有されていなければならない[2]．少しでも情報に偏りがあれば価格決定のメカニズムはうまく機能しない（うまく機能せず，本来は均衡しないところで均衡してしまう）．で，これがうまく機能しない事態が生じると，同一の財であるにもかかわらず，あらゆる場所で売買価格が異なるという結果となり，近代経済学の前提である一物一価という原則も崩れてしまうのである．一見すると，異なった場所ならば，いくら同一の財であっても価格が異なっていてもいいように思われる．しかし，原理原則に従えば，そうした価格差すらもまた需要と供給のバランスによって是正されてゆくはずであって，正しく市場が機能すれば絶対に価格は同一となるはずなのである．

　しかるに，こんなことは生じない！　それどころか，買い手と売り手の関係性によって値段が違っていてもいいはずである．ところが，これが生じなくてはならないと原理原則に従って考えると，まさしく原理主義的な思考へと陥ってゆく．いささか単純化しすぎではあろうが，結局は，この思考の延長線上に

---

　[2] 原理的には参加者が地球の裏側にいてもかかる情報は瞬時に共有されなければならない．ということは，いささか難癖を付けているようではあるが，物理学的には光速より速い伝達が実現しなければならず理論的には破綻しているはずなのではあるが…．

　なお，この「原理的には地球の裏側にいても…」をまともに実現させようとするのがグローバリズムの思想の根幹であり，意図的にそのようにしようとしていなくても，理論はそのような志向性を有する．理論がそのような志向性を有すると現実もまたそのような方向へとシフトしてゆくこととなるのである．

昨今の市場原理主義があるのである．で，情報の不均衡は，市場への政府の介入であったり，文化的な要因であったり，といった外的な要因であるところの攪乱であると解されることになる．かくして，そのような不均衡をもたらす悪しき構造を改革する，という方向へと思考が進んでゆくこととなって，市場原理主義やら構造改革やらが優勢となるのである．

　また，この原理をどこまでも地球規模で拡大してゆくと，基本的には価格はデフレ圧力を受けざるを得ないということも容易に想像できるであろう．なぜならば，通常，先進国の物価は途上国の物価よりも高いからである．同じ財であっても途上国の方が安く手に入る場合が多い．しかし，これは，経済学の原理原則に照らすとおかしいということになる．では，どうなるのか？　理屈上は，価格は安価な方へと下降することで均衡すると想像できる．すなわち，デフレである．

　ここで即座に付け加えなければならないが，もちろん，日本，そして大方の先進国は，こんな単純な背景だけでデフレに陥っている，あるいはデフレ圧力を受けているというわけではない．しかし，経済学の構造の根幹がこのような均衡によって価格決定をするというシステムになっていて，それを前提としてシステムが作動し，諸々を行うのであれば，それは結局のところ巡り巡って確かに価格を下げる方向へと力が作用するのである．この論点は非常に重要である．昨今のデフレは，いわば理論内在的に生じたとも言えるのであって，それはこの理論を外挿していった場合に生じるほとんど必然的な帰結とも言い得るのである．やはり，世界は理論に沿うように自らの形姿を改変してゆくのである（微分積分篇，p.144 の「5. では何のための数学なのか」参照のこと）．

2.　価格は本当のところどのように決まるのか？

　では，価格は本当のところどうやって決まっているのであろうか？　この問いに単純な回答を提示することは不可能である．部分的には需要–供給のバランスによって決まっているであろうし，部分的には供給側が人件費，材料費，などの諸々を加味して勝手に決めているであろうし，部分的には買い手側が言

い値で買っている場合もあるだろうし，経験的な勘，という場合もあるし，これらのミックスの場合もあるだろうし…，ということである．また，ここで強調しておかなければならないことは，価格はそれ自体が価値としての側面を濃厚に有しているということである．安くなれば安い物と認識されるであろうし，それなりの値段ならばそれなりの価値あるものと認識されるということである．要するに，価格によって価値が決まるという側面はかなりあるのである．これをよく知っていたのが松下幸之助で，松下は自社の製品が安売りされることを恐れてチェーン展開を図ったのであった．その結果，ナショナル製品はまさしく価格という格を失うことはなかったのであった（家電量販店が隆盛となるまでは）[3]．

　いずれにせよ，少なくとも，需要と供給の均衡のみによって価格が一意に成立しているというわけではないのである（それほど社会は単純ではない）．こうしたことはわれわれの周りをちょっと注意深く観察すれば判明することでもあるし，また，それなりの想像力があればわかることでもあろう．経済学は，そうした側面を例外と考えるが，これまたよくよく考えてみるに，需要と供給の均衡のみによって価格が決定するということの方が圧倒的に少数であって，こちらの方がむしろ例外であろう（もちろん，需要と供給の均衡のみによって価格が決定する，という場合もある）．

　ともあれ，重要なことは，個々の局面によって事情が異なり，価格決定のシステムも異なる，ということである．それは本当に様々である．さらには，需要と供給の均衡も，ほとんど一回限り，たまたまその場面において均衡した現象にすぎないはずで，その後の再現性と永続性を保証するものではない．それどころか，需要と供給がバランスすることによって価格が決定される，と解釈することで，より本質的な機構を見えなくさせてしまっている場合すらある．つまり，これは事後的な解釈にすぎないのである．

---

[3] 要するにもっと雑駁に言ってしまえばエルメスのケリーバッグが5,000円だったら今のような千品（← あっ，間違えた！）上品なセレブがこぞって買い求めるなどということはない，ということである．もっとも，価値のわかる本物の選良は5,000円だろうが，5,000万円だろうが，良いと思えば値段に関係なく買うのだろうが…．

経済学や経営学がどうにも奇怪なのは（少なくとも筆者にとって），こうした事後的なものを未来予測的に用いようとすることにある．一回限りの現象を未来に外挿して敷衍しようとするところがどうにも解せないのである．事後的な説明方法（認識の方法）にすぎないものを物理学の理論のように決定論的に用いてはいけないのであり，未来予測は，ありとあらゆる側面から「現時点においてこれがおそらく最善である」と言えるほどまでに慎重でなくてはならない（それでも予測はほとんど外れるのである）．ましてやイデオロギー的な色彩は，方々からの検討でもって可能なかぎり，できるだけ希釈しておかなければならない．実際，経済学は無数のモデル（という説明方法）から作られているが，それら個々のモデルはその現象を説明する唯一の道具ではない[4]．

はたして読者はどう考えるであろうか？

3. 数から行列への拡張とみると …

さて，ここで行列について，単体としての数から数の集合体（集団）を一気に扱う方法，あるいはそういった拡張であるとみなしてみよう．すると，以下のような対応関係があることに気が付く．

数（単体）	行列（数の集合体）
0	0 行列
1	単位行列
逆数	逆行列

行列とは，こんな感じの対応関係で単体の数から数を集団で扱う一連の方法論と理論である，と大雑把に総括することができるであろう．

4. 天才！ 関孝和

微分積分篇でも紹介した江戸時代の数学者（和算家）関新助孝和についてである．後に算聖と称された彼は歴とした武家であり，微禄ながら三百俵の旗本

---

[4] 第6章の脚注1（p.111）を参照のこと．

である[5].

　ところが，関孝和の生年ははっきりとして
おらず，2説ある．1つは，遠藤利貞が『大日
本数学史』（1896年）に記した「寛永十九年
（1642年）三月上野国藤岡に生る」という記
述であり，もう1つは，寛永十四年とするも
のである．で，実は両方とも川北朝鄰（ともちか）が述べ

関孝和（1638 or 1642–1708）[6]

ていることによる．川北が最初は前者を述べ，後に，訂正して後者を唱えるの
であるが，いずれも決定的な裏付けは今日に至ってもとれておらず，おそらく
は，今後も判明する可能性は低いであろう．生地もまた，後者であれば江戸で
あったとされており，まさしく謎である．——興味のある読者は，下平和夫，『関
孝和——江戸の世界的数学者の足跡と偉業——』（研成社，2006）を参照されたし．

　一方，没年は，はっきりしている．関孝和は，宝永五年，旧暦の十月二十四
日（1708年12月5日）江戸に没した．墓は牛込の浄輪寺にある．

　関の業績は，微積分だけではない．第2章で紹介した行列式についても同様
の形式をヨーロッパより10年も早く発見している．関が正式に書物の中で行
列式を記したのは，1683年に公刊された『解伏題之法（かいふくだいのほう）』においてである．さら
に，関の死後，弟子筋にあたる建部賢明（1661–1716）と建部賢弘（1664–1739）
の尽力により『大成算経』[7]（1710年）なる，ほとんど関の業績の網羅的な書
物が完成しており，さらに広範に行列式の概念が展開されている．

　関は，以下のように行列式を定義している（表記は今日的な西洋数学に翻訳
して記す）．いま，2つの数式，

---

[5] 近畿大学の私の元ゼミ生，中山友梨香さんの卒業研究によると，現在だと1700万円程度の
　　俸禄で，使用人への給金などの必要経費を引くと，500万円程度の生活費ということになる
　　らしい．なお，この研究の原本は，菅野俊輔，『江戸の長者番付』（青春出版，2017）である．
[6] 画像提供：富山県射水市新湊博物館高樹文庫
[7] この書はしかしながら公刊されることはなく，わずかな写本が残るのみである．これが公刊
　　されていたら日本の数学はさらに進展していたであろうと言われる．

$$\begin{cases} B + Ax = 0 \\ D + Cx = 0 \end{cases}$$

に対して，

$$+BC - AD$$

を「平方交乗式」と称して定義する．

　さらに，3つの方程式

$$\begin{cases} C + Bx + Ax^2 = 0 \\ F + Ex + Dx^2 = 0 \\ I + Hx + Gx^2 = 0 \end{cases}$$

に対して，「立方交乗式」として今日サラスの方法として知られている行列式

$$\begin{vmatrix} C & B & A \\ F & E & D \\ I & H & G \end{vmatrix}$$（の計算方法）を提示するのである（図I.2は関孝和による行列

式の計算方法である）．さらに，「三乗方交乗法」「四乗方交乗法」…と，より高次の行列式を提示してゆく．天才の発露とはこのことか，と思うほどのまさしく驚愕の事態である．というのも，同時期の西欧では，こうしたことを複数

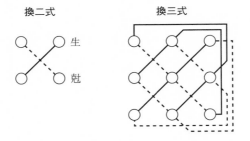

換二式　　　　　　換三式

生

尅

図I.2　関孝和が示した行列式[8]

8）佐藤賢一，「関孝和の行列式の再検討」数理解析研究所講研録，1392，pp214-224（2004）
　竹ノ内脩，『関孝和の数学』（共立出版，2008）
　小川束・森本光生，『江戸時代の数学最前線』（技術評論社，2014）

の哲学者・数学者が競って協同で成し遂げるだが，関は優秀な弟子はいたものの基本的に一人で成し遂げるからである（微積分の業績，その他，数学以外の業績―暦学，天文学，機械仕掛けなども含めるとほとんど超人的である）．この天才を生み出した江戸の文化的水準がいかに高度であったかが推察される[9]．

後に，この江戸期の和算の伝統が明治期に国際的に活躍した数学者高木貞治へと繋がってゆき，さらには，今日の日本の数学，そして理論物理学の伝統へと継承されてゆく．特に，高木の才能は，明らかに和算の伝統の中から開花したと述べても過言ではなかろう[10]．

なお，関の業績を可能にしたものは，当時，日本で独自に発展・開発された傍書法と演段法という記号を用いた代数的な手法による．両者は後に点竄術（てんざんじゅつ）と総称される代数学の体系として確立されていった．

ところで，こうした日本独自でありつつ，ほとんど西洋と同等のものの存在は，数学に限られた特殊事情ではない．たとえば，日本の和式簿記法は，独自の発展を遂げて西洋式簿記と内容的にほとんど同等であったことが知られている[11]．また，車の両輪のように，商業の発達が簿記法の発達を促し，その複雑化が算法（数学）の高度化をもたらしたという側面もある．商業の発展はまた，独自の制度で独自の資本主義制の出現をも促すこととなった[12]．

さらにまた，当時の日本が科学（技術）の面でも独自の発展を遂げており，

---

9) なお，江戸期にあって，数学入門書である『塵劫記』がベストセラーとなり，全国に数学（和算）の私塾が開講され老いも若きも，庶民も大名も数学を楽しんでいたことはあまり知られていない．これは，当時の諸外国と比べて（そして現代と比べて）驚くべき文化水準（学力水準）であり，幕末に日本を訪れた欧米人はほとんど驚嘆して本国に報告している．江戸の籠の担ぎ手が仕事の合間に本を読んでいること，家庭の夫人や町娘が縁側で本を読んでいること，商家の丁稚や番頭が遊びで数学の問題を解いていることを驚きの眼で眺めたのであった．これらの概要は，渡辺京二，『逝きし世の面影』（平凡社ライブラリー，2005）に詳しい．

10) たとえば，高瀬正仁，『高木貞治 近代日本数学の父』（岩波新書，2010）などを参照のこと．

11) たとえば，小倉栄一郎，『江州中井家帖合の法』（ミネルヴァ・アーカイブス，2008），田中孝治，『江戸時代帳合法成立史―和式会計のルーツを探求する』（森山書店，2014），西川登，『江戸時代の三井家における会計組織の研究』（京都大学学術情報リポジトリ KURENAI，1993）などを参照のこと．

12) たとえば，高槻泰郎，『大坂堂島米市場 江戸幕府 vs 市場経済』（講談社現代新書，2018）などを参照のこと．

かなりの水準にあったこともあまり知られていない事実である[13].

　つまり，明治の西洋化とは，いうなれば翻訳であって，すでに存在していた類似物を西洋風に衣替えしたり，対応させたり，あるいは接ぎ木したり（そしてもちろん初めて触れる概念の導入などもあったであろう），という作業だったと解釈することが可能なのである．そうでなければ，つまりまったくのゼロからであれば，あれほど敏速に西洋文化を吸収することなどできなかったであろう．

　今日，関孝和の偉業は，ジワリジワリと見直しと再評価の機運が高まっている．それは，数学だけに留まるものではなく，江戸とはどんな時代であったのかを問う作業であり，延いてはわれわれ自身の歴史を見つめ直そうとする知的作業そのものでもある．

　われわれの歴史は切れている．1つ目の切れ目は明治維新によって，そして2つ目の断層は1945年8月15日の敗戦によって，歴史の流れが断絶されてしまっているのである[14]．しかし，文化的伝統は，われわれの只中にあたかも地下水脈のように絶えることなく流れているのではないだろうか‥‥．

---

13) たとえば，新戸雅章，『江戸の科学者 西洋に挑んだ異才列伝』（平凡社新書，2018）などを参照のこと．同書には関孝和についての章も設けてある．一読を勧めたい．

14) 前提の註9）に挙げた『逝きし世の面影』で渡辺は，江戸という文明は滅んだのだと述べている．

4

ベクトルの導入

　本章では，ベクトルについて学ぶ．ベクトルの概念を導入した後に，さらに内積と外積という概念を導入し，これまで学んできた行列の演算がベクトルという概念を導入するとどのように解釈されるかについて詳述する．また，行列そのものがどのように解釈されるかについても考えることになるだろう．

　ところで，ベクトルなる語は，いくらか高尚な会話や文章においてお目にかかるほど日常用語にすらなっているタームである．一昔前の左翼のアジ演説などでは「我々の運動のベクトルわぁ～！」などと言っていたものだ…（歳がばれそうだけれど．あっ！　関西の某国立大学ではまだやってたわ 笑）．

　ともあれ，本章では，ちょっとだけ行列から離れてまずはベクトルについて紹介することから始めようと思う．これに付随すること，より俯瞰的なことは追々と…，である．

1.　ベクトルという概念とその加減算

　まず，ベクトルという概念の導入からである．ただし，これは数学上の抽象概念であって，安易な例え話はよろしくない．しかし，それでもまあ，ひとまずはベクトルとは，要するには，高校の教科書に書かれているように，方向と大きさを有するある量である，と考えておいてまず相違ない．これに対して，方向を持たない大きさだけのものをスカラーと言う（スカラーは実数である）．

　ベクトルの説明で，よく引き合いに出されるのが京都である．京都はご存じのように碁盤の目のように町が区画されており，南北の通りの名前と東西の通りの名前を併用することで町の名前（場所）を表している．かつては，御所が原点だったのだが，ピンと来ないといけないのであえて京都駅を原点にすると，そこから東（あるいは西）にどれだけ（たとえば何ブロック），北（あるいは南）にどれだけ（これもまた何ブロックか），という指定をすれば町の特定の場所を指定できる．

　たとえば，「四条河原町」ならば京都駅から東にどの程度で河原町通りなのか，そして，そこからどれくらい北へ進めば四条なのかがわかる．こんなふうに「四条河原町」という町（場所）は，京都駅という原点からどの方向へどの程度の距離（大きさ）か，が指定されるのである．

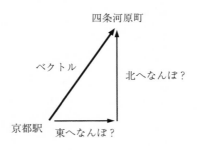

図 4.1

　図中で「東へなんぼ？」「北へなんぼ？」と書かれているものがベクトルの成分と呼ばれるものである（上の記述に沿って述べれば何ブロックか，に相当する）．

通常，座標平面上で x 方向へどれだけ，y 方向へどれだけ，として $\begin{pmatrix} x & y \end{pmatrix} = \begin{pmatrix} 1 & 2 \end{pmatrix}$，あるいは $\begin{pmatrix} x \\ y \end{pmatrix} = \begin{pmatrix} 1 \\ 2 \end{pmatrix}$ などと書き，これを座標平面上に下図のように図示する（本当は列ベクトルと行ベクトルは区別されなくてはならないのだが，本書では基本的（本書のレベルではいちおう本質的と述べてもよいかもしれない）な差はないものとみなして話を進める）．

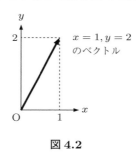

図 4.2

すると，この矢印の長さは三平方の定理から $\sqrt{1^2 + 2^2} = \sqrt{5}$ とわかる．つまり，あるベクトル $\boldsymbol{r} = \begin{pmatrix} x \\ y \end{pmatrix}$ があると，このベクトルの長さは $|\boldsymbol{r}| = \sqrt{x^2 + y^2}$ と表される．各自，図をよく見て確認してほしい．

　よく言われるように，ベクトルとは，当面は矢印のようなもの，とイメージするのがもっとも適切ではあろう．矢印は長さ（大きさ）と方向を確かに持っているからである．

　では，この矢印を足したり引いたりしてみよう．——といってもいたって常識的なお話である．たとえば，東京から大阪へ行くことを考えよう．東海道新幹線に乗ってビュン，と一気に2時間半で大阪だが，せっかくだからのんびりと北陸新幹線で金沢まで行って（北陸新幹線も開通したことだし），それからサンダーバードで大阪まで行く，という方法もある．つまり，図4.3のようなことである．

　ここで，東京 → 金沢をベクトル TK，金沢 → 大阪をベクトル KO，東京 → 大阪をベクトル TO とする．

すると，図から明らかなように，(ベクトル TK)＋(ベクトル KO) ＝ (ベクトル TO) である．「東海道新幹線ルート」は，「北陸新幹線ルート＆サンダーバード北陸本線ルート」と同じ結果となる．

図 4.3

この三角形から，以下が算術的に自然に出てくる．

$$KO = TO - TK \qquad 同様に \qquad TK = TO - KO$$

である（ベクトルなる語は省略した）．さらに TK は東京から金沢への向きであったが，これを逆転させて KT にすると（すなわち，金沢から東京の向きとすると），TK ＝ －KT となるはずなので（矢印の向きが逆転したのでマイナスを付けた），上式は，

$$KO = TO + KT$$

であるし，同様に KO を逆向きにすれば KO ＝ －OK となるはずだから，

$$TK = TO + OK$$

となる．それぞれ，（金沢 → 大阪）は（金沢 → 東京）と（東京 → 大阪）を足した結果に等しい．（東京 → 金沢）は（東京 → 大阪）と（大阪 → 金沢）を足した結果に等しいのである．

　以上が，ベクトルの概念とその加減算で，本質的なことはこれで尽きている．が，いちおう，以下に数学的な表記でもってまとめておく．

　ベクトル a, b, c があったとして，これが，$a + b = c$ なのであれば，これら3者は三角形を形成して，以下のような位置関係となる．そしてまた，$a + b = c$ となったのであれば，通常の式変形（移項）が可能である（たとえば $a = c - b$ のようなものである）．

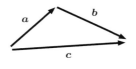

図 4.4

さらに，$\boldsymbol{a} = \begin{pmatrix} 1 \\ 2 \end{pmatrix}$, $\boldsymbol{b} = \begin{pmatrix} -2 \\ 1 \end{pmatrix}$ ならば，$\boldsymbol{a} + \boldsymbol{b} = \begin{pmatrix} 1 \\ 2 \end{pmatrix} + \begin{pmatrix} -2 \\ 1 \end{pmatrix} = \begin{pmatrix} -1 \\ 3 \end{pmatrix} = \boldsymbol{c}$ である（引き算もしかりである．）．

なお，ここまで詳述してきたベクトルの諸々については 3 次元でも，4 次元でも，さらに高次元であってもすべて妥当する．$\boldsymbol{a} = \begin{pmatrix} a_x \\ a_y \\ a_z \end{pmatrix}$ の長さは $|\boldsymbol{a}| = \sqrt{a_x^2 + a_y^2 + a_z^2}$ であるし，さらに高次元であっても $|\boldsymbol{a}| = \sqrt{a_1^2 + a_2^2 + \cdots\cdots + a_n^2}$ である．もちろん，足し算も引き算もしかりである．

さて，矢印のようなもの（というか矢印そのもの），という体で話を進めて来たが，もちろん，ベクトルとはこうした矢印のような解釈だけに収まらない．というか，正確に述べると間違っているし，本当は数学にとってあらゆる解釈は必要ないとすら言える（のかもしれない）．

本節の最初にちょっと仄めかしたことだが，ベクトルもまた数学上の抽象概念なのであってみれば，本来はこうした実体的な解釈は観念や概念の形象化であって，哲学的には警戒心を持って接しなければならない類のものである．ということは，数学的にも警戒心を持って接しなければならない．なぜならば，こうした解釈が固定化されてしまうとそれ以上の概念的な広がりを阻害してしまうからであり，それどころかかかる形象化は，概念の本質をも覆い隠してしまうほどの魔力を有するものだからである．換言すれば，矢印という形象に引っ張られてベクトルがベクトルならざるものへと変貌する危険性すらあると

いうことである[1]．

　本書の範囲であっても話を進めてゆくにつれて，こうした形象化から離れていくことになるが，ここではまだこうした解説にとどめておくこととする．

2. ベクトルの掛け算——内積と外積——

　本節ではベクトルの掛け算について詳述しよう．まずは，もっとも簡単でほとんど解説の必要もないような事柄について‥‥．ベクトルを定数倍する場合についてである．

　つまり，あるベクトル $a = \begin{pmatrix} 1 \\ 2 \end{pmatrix}$ を2倍すると $2a = \begin{pmatrix} 2 \\ 4 \end{pmatrix}$ となる．これもいちおう，掛け算なので言及しておく．これ以上の説明はさすがに不要であろう．

---

[1] ある概念や観念を「〜のようなもの」として形象化することについては，本当は警戒心を持って接しなければならない．本来，そのようなものは，こちら側が（人間が）対象を理解・解釈する場合の単なるメタファーに過ぎず，それの本質などではないからである．それどころか，「〜のようなもの」と解釈することで，本質がずれるのみならず本質ならざるものがあたかも本質であるかのようにそこに固定化されてしまう．
　たとえば「神」は不可視である．これはいかなる宗教であっても基本的には同じである．ところが，人々がただの像である神の彫像などを拝みはじめると，神がそこに固定化され，やがてそれが神と化してしまう恐れがある．特に，古代宗教や，そうした形態を残す宗教や信仰において偶像崇拝が禁止されているのは哲学的にはこのように解釈可能である．もっとも，このように堅苦しく述べるまでもなく，古代的形式を色濃く残している神道の場合を顧みてみれば，こうした偶像がもともと存在していないことに気が付く．神社の御簾の向こうには何もない．ご神体として奉られている巨木や岩であっても，それが神なのではない．やはり，見ることはできない．われわれは，巨木に巻かれたしめ縄に垂れ下がる幣がふとした瞬間にひらりと揺れるところに，あるいは岩に対峙した際に，はらりと落ち葉が足下に落ちてきた，といったそれに付随したとわれわれが想うところの現象に神をそこかと感じるだけである．そもそも，日本の神々は，見えないし，見てはならないのである．本地垂迹説に基づいて数々の本地仏や彫像が作成されたが，それでもなお人々はそれを見てはいけない，とされたのであった．——たとえば，益田朋幸，『「見えない神」のレトリック』，山本陽子，『見てはならない神々の表現と受容——日本の神々はどのように表されてきたか』（ともにWASEDA RILAS JOURNAL NO.4 (2016.10)）を参照のこと．
　カッシーラーは，われわれの認識は実体的な対象認識から関係性や機能性の把握（認識）へと変化してきたと述べている（ここで実体的な対象認識がベクトルを矢印と見なすこと，つまり形象化に相当する）．そして，カッシーラーは，固定化されてしまった観念はほとんど魔術的な力を持ってわれわれの思考（認識）を操り始めるのだ，といった趣旨のこともまた述べている．——E・カッシーラー，『実体概念から関数概念へ』（みすず書房），『シンボル形式の哲学』（岩波文庫），などを参照のこと．

本題は以下からである.

2.1 内積

ここでは内積なるものを定義しよう.

$a = \begin{pmatrix} a_x \\ a_y \end{pmatrix}$, $b = \begin{pmatrix} b_x \\ b_y \end{pmatrix}$ という 2 つのベクトルがある場合,内積を

$$a \cdot b = a_x b_x + a_y b_y$$

と定義する.また,これは,ベクトル a と b のなす角度を θ とすると,

$$a \cdot b = |a|\,|b|\cos\theta$$

でもある.——ということは,ベクトル a と b のなす角度が直角であった場合(両者が直交している場合),コサインは 0 となってしまうので内積は 0 になるということである.かくて,多くの局面で「内積 = 0」が直交条件と目されることとなる.

ここでただちに以下の問題を解け.

> **問 4.1**
>
> (1) $a = \begin{pmatrix} a_x \\ a_y \end{pmatrix}$, $b = \begin{pmatrix} b_x \\ b_y \end{pmatrix}$ の場合,ベクトル a と b のなす角度を求めよ(その角度のコサインを求めよ).なお,ここで,内積が $a \cdot b = |a|\,|b|\cos\theta$ とも書けることを利用せよ.
>
> (2) 直交する 2 つのベクトル $a = \begin{pmatrix} 1 \\ 0 \end{pmatrix}$, $b = \begin{pmatrix} 0 \\ 1 \end{pmatrix}$ の内積が 0 になることを確認せよ.

上記までは 2 次元での話であったが,これを 3 次元に拡張すると,内積は,

$$a \cdot b = a_x b_x + a_y b_y + a_z b_z$$

および,

$$a \cdot b = |a|\,|b|\cos\theta$$

である(角度 θ はベクトル a と b のなす角).さらに高次元ならば,

$$\boldsymbol{a} \cdot \boldsymbol{b} = a_1 b_1 + a_2 b_2 + \cdots + a_n b_n$$

と表され，この場合，両者のなす角度は（非常に抽象的なのだが），

$$\cos \theta = \frac{\boldsymbol{a} \cdot \boldsymbol{b}}{|\boldsymbol{a}|\,|\boldsymbol{b}|} = \frac{a_1 b_1 + a_2 b_2 + \cdots + a_n b_n}{\sqrt{a_1^2 + a_2^2 + \cdots + a_n^2}\sqrt{b_1^2 + b_2^2 + \cdots + b_n^2}}$$

ということになる．

問 4.2　以下で与えられた2つのベクトルの内積を計算し，2つのベクトルのなす角度を求めよ．

(1) $\boldsymbol{a} = \begin{pmatrix} 1/\sqrt{3} & 1/3 \end{pmatrix}$, $\boldsymbol{b} = \begin{pmatrix} 0 & 3 \end{pmatrix}$　(2) $\boldsymbol{a} = \begin{pmatrix} 1 & 1 & 0 \end{pmatrix}$, $\boldsymbol{b} = \begin{pmatrix} 0 & 1 & -1 \end{pmatrix}$

(3) $\boldsymbol{a} = \begin{pmatrix} 1 \\ 1 \\ -1 \end{pmatrix}$, $\boldsymbol{b} = \begin{pmatrix} -1 \\ 2 \\ 1 \end{pmatrix}$　(4) $\boldsymbol{a} = \begin{pmatrix} 1 \\ 1 \\ 0 \end{pmatrix}$, $\boldsymbol{b} = \begin{pmatrix} -1 \\ -1 \\ \sqrt{5} \end{pmatrix}$

2.2　外積

　内積なるものがあれば，外積なる積（掛け算）も存在する（定義できる）．内積はその値がスカラーとなるのでスカラー積と呼び，外積はその結果がベクトルとなるのでベクトル積とも称される．

　いま，$\boldsymbol{a}, \boldsymbol{b}, \boldsymbol{c}$ と3つのベクトルがあって，外積とは，

　　$\boldsymbol{a} \times \boldsymbol{b} = \boldsymbol{c}$

　　$\boldsymbol{b} \times \boldsymbol{a} = -\boldsymbol{c}$（順序をひっくり返すとベクトルが逆向きになる）

であり，$\boldsymbol{a} \perp \boldsymbol{c}$, $\boldsymbol{b} \perp \boldsymbol{c}$, つまり，$\boldsymbol{a}$ と $\boldsymbol{c}$, $\boldsymbol{b}$ と $\boldsymbol{c}$ は直交する．さらに，$|\boldsymbol{c}|$ は，$\boldsymbol{a}$ と $\boldsymbol{b}$ がなす平行四辺形の面積 S となるように設定される（下図を参照のこと）．

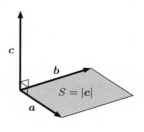

図 4.5

次に具体的に計算を行ってみる．いま，x-y-z の直交座標系で，x 方向，y 方向，z 方向の長さ 1 のベクトルをそれぞれ $\boldsymbol{i}, \boldsymbol{j}, \boldsymbol{k}$ としてとる．そして，2 つのベクトル $\boldsymbol{a}$ と $\boldsymbol{b}$ を，それぞれ $\boldsymbol{a} = \begin{pmatrix} a_x & a_y & a_z \end{pmatrix}$, $\boldsymbol{b} = \begin{pmatrix} b_x & b_y & b_z \end{pmatrix}$ と行ベクトルの形にとる（計算の便宜のために）と，外積は，以下の行列式で与えられる．

$$\boldsymbol{c} = \boldsymbol{a} \times \boldsymbol{b} = \begin{vmatrix} \boldsymbol{i} & \boldsymbol{j} & \boldsymbol{k} \\ a_x & a_y & a_z \\ b_x & b_y & b_z \end{vmatrix} = (a_y b_z - a_z b_y)\,\boldsymbol{i} + (a_z b_x - a_x b_z)\,\boldsymbol{j} + (a_x b_y - a_y b_x)\,\boldsymbol{k}$$

$\boldsymbol{a} \perp \boldsymbol{c}$, $\boldsymbol{b} \perp \boldsymbol{c}$ となることは，たとえば，2 つのベクトル $\boldsymbol{a}$ と $\boldsymbol{b}$ が x–y 平面上にあるとして a_z と b_z を 0 としてみると，$\boldsymbol{c} = \boldsymbol{a} \times \boldsymbol{b} = \begin{vmatrix} \boldsymbol{i} & \boldsymbol{j} & \boldsymbol{k} \\ a_x & a_y & 0 \\ b_x & b_y & 0 \end{vmatrix} = (a_x b_y - a_y b_x)\,\boldsymbol{k}$

となって，$\boldsymbol{c}$ が z 方向に特定されることから確かに設定通りであることがわかる．

ここで即座に以下の問題を行ってみよ．

> **問 4.3** ベクトル $\boldsymbol{a}$ と $\boldsymbol{b}$ をそれぞれ $\boldsymbol{a} = \begin{pmatrix} a_x & a_y & a_z \end{pmatrix}$, $\boldsymbol{b} = \begin{pmatrix} b_x & b_y & b_z \end{pmatrix}$ として，外積 $\boldsymbol{b} \times \boldsymbol{a}$ を計算してみる．ただし，$\boldsymbol{b} \times \boldsymbol{a}$ は，$\boldsymbol{a} \times \boldsymbol{b} = \begin{vmatrix} \boldsymbol{i} & \boldsymbol{j} & \boldsymbol{k} \\ a_x & a_y & a_z \\ b_x & b_y & b_z \end{vmatrix}$
>
> の 2 行目と 3 行目を入れ換えて，$\boldsymbol{b} \times \boldsymbol{a} = \begin{vmatrix} \boldsymbol{i} & \boldsymbol{j} & \boldsymbol{k} \\ b_x & b_y & b_z \\ a_x & a_y & a_z \end{vmatrix}$ として計算できる．こ
>
> れを計算すると，本文中に記した $\boldsymbol{c}$ と符号が逆転して $-\boldsymbol{c}$ となることを確認せよ．

もちろん，内積と同じく多次元の外積も定義できるのだが，これは本書のレベルをかなり超えてしまうのでここでは触れず，次節で計算則として四元数を紹介することで簡単に述べるにとどめる．

2.3　内積と外積，そして面積

さて，前節で，$|\boldsymbol{c}|$ はベクトル $\boldsymbol{a}$ と $\boldsymbol{b}$ が作る平行四辺形の面積であると述べたが，面積を仲介として内積と外積を再考してみよう．

　まず，内積は，平面上に2つのベクトル $\boldsymbol{a}$ と $\boldsymbol{b}$ が存在するのだから，この2つで三角形を形成することができる．この三角形の面積はベクトル $\boldsymbol{a}$ と $\boldsymbol{b}$ のなす角度を θ として以下のようになる．

$$S = \frac{1}{2} |\boldsymbol{a}| |\boldsymbol{b}| \sin\theta$$

ここで即座に以下の問題を行ってみよ．

問 4.4　ベクトル $\boldsymbol{a}$ と $\boldsymbol{b}$ が作る三角形の面積が $S = \dfrac{1}{2} |\boldsymbol{a}| |\boldsymbol{b}| \sin\theta$ となることを以下の手順で導出してみよ．なお，ベクトル $\boldsymbol{a}$ と $\boldsymbol{b}$ のなす角度を θ とする．

(1) ベクトル $\boldsymbol{a}$ と $\boldsymbol{b}$ が下図の関係にあるとき，三角形の高さにあたる h を求めよ．

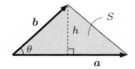

図 4.6

(2) h を内積 $\boldsymbol{a} \cdot \boldsymbol{b} = |\boldsymbol{a}| |\boldsymbol{b}| \cos\theta$ を用いて表すことで面積 S を θ を用いずに $\boldsymbol{a}, \boldsymbol{b}$ で表記せよ．

(3) $\boldsymbol{a}, \boldsymbol{b}$ をそれぞれ $\boldsymbol{a} = \begin{pmatrix} a_x & a_y \end{pmatrix}$ と $\boldsymbol{b} = \begin{pmatrix} b_x & b_y \end{pmatrix}$ とする場合，三角形の面積 S が $S = \dfrac{1}{2} (a_x b_y - a_y b_x) = \dfrac{1}{2} \begin{vmatrix} a_x & a_y \\ b_x & b_y \end{vmatrix}$ と表されることを示せ．――ただし，行列式がマイナスとなった場合は行列式の絶対値が面積になることを注意しなくてはならないので，より正確に書くならば，$S = \left| \dfrac{1}{2} (a_x b_y - a_y b_x) \right| = \left| \dfrac{1}{2} \begin{vmatrix} a_x & a_y \\ b_x & b_y \end{vmatrix} \right|$ と書くべきである．がしかし，行列式の表記と相まってちょっと煩わしいのであえて絶対値を外しておいた．ここらは常識を存分に働かせて臨機応変に対応してほしい．

　すなわち，第3章で導入した行列式とは，互いに独立なベクトルが作る体積なのである（面積とはすなわち2次元の体積である）．互いに独立なベクトルが3つあればそれらを用いて平行六面体ができるが，これら3つのベクトルの行列式がこの立体の体積であり，独立なベクトルが4つ，5つ，と増えてゆくと，それらが形作る（と抽象的に思念される）平行多面体の体積が行列式ということである．ともあれ，これらは感覚的に「そんなものか」と漠然とイメー

ジできればそれでかまわない. もっとも, 4 次元, 5 次元の体積などイメージ
できないのであるが…. また, 行列式と体積についてはインターリュード—
≪間奏曲≫—Ⅱ で述べるので参考にしてほしい.

　ところで, 繰り返しであるが, 前節で, 外積の $a \times b = c$ について, $|c|$ はベクトル a と b が作る平行四辺形の面積であると述べた. ということは, $\dfrac{1}{2}|c|$ はベクトル a と b が作る三角形の面積である.

　ここで即座に以下の問題を行ってみよ.

> **問 4.5**　$a = \begin{pmatrix} a_x & a_y & 0 \end{pmatrix}$, $b = \begin{pmatrix} b_x & b_y & 0 \end{pmatrix}$ について以下の問いに答えよ.
> (1) 外積 $c = a \times b$ を求めよ.
> (2) $|c|$ を求め, それがベクトル a と b が作る三角形の面積の 2 倍の $a_x b_y - a_y b_x$ であることを確認せよ.

　以上, 面積という側面から内積と外積について詳述しておいた.
　問 4.1, 問 4.2, 問 4.4, 問 4.5 は特に重要な問題である. 内積と外積の定義と共に確実に会得しておかなければならない. 章末の練習問題なども利用して習得するよう努めてほしい.

3.　計算則として解釈する

　さて, 縷々, ベクトルについて述べてきたが, ここでこれらを行列との関連の中でいちおう, それなりに一貫した体系へと収斂させることを試みよう.
　内積は, $a = \begin{pmatrix} a_x \\ a_y \end{pmatrix}$, $b = \begin{pmatrix} b_x \\ b_y \end{pmatrix}$ で, $a_x b_x + a_y b_y$ が内積なのであった. これ

は, まさしく, 前章までで学習した $\begin{pmatrix} a_x & a_y \end{pmatrix} \begin{pmatrix} b_x \\ b_y \end{pmatrix} = a_x b_x + a_y b_y$ ということ

であり, 内積とはつまりは, 行列の観点からすると, 行と列の掛け算として実現さ

れるものなのである. ということは, $\begin{pmatrix} a_{11} & a_{12} \\ a_{21} & a_{22} \end{pmatrix} \begin{pmatrix} b_1 \\ b_2 \end{pmatrix} = \begin{pmatrix} a_{11}b_1 + a_{12}b_2 \\ a_{21}b_1 + a_{22}b_2 \end{pmatrix}$

という計算は, 2 つの内積を同時に行っているということでもある.

ここで，$\begin{pmatrix} a_1 & \cdots & a_n \end{pmatrix}$ を n 次の行ベクトルと呼び，$\begin{pmatrix} b_1 \\ \vdots \\ b_n \end{pmatrix}$ を n 次の列

ベクトルと呼ぶ．この用語で再びまとめておくと，内積とは，（行ベクトル）×（列ベクトル）として実現される一連の行列演算の1つである．

　　ここでいささか唐突であることは充分に承知の上で最初に述べていたベクトルを矢印と形象化すること云々…，について述べておこう．

　　上記のように解すると，これはそもそも矢印であるとかないとかという具体論にはそぐわないことがなんとなく了解されはしないだろうか．つまり，結局のところ，このような「数字の組」のことをベクトルと称するのであり，それ以上でも以下でもないのである．この数字の組が場合によっては（たとえば座標上に表記されると）原点からの矢印であるかに解釈可能である，というだけのことである．

　　では，外積はどうか？　先にも述べたように，これを本書のレベルで提示することは困難である．しかし，その一端を示すことはできるので，簡単に紹介しておくことにする．──インターリュード──≪間奏曲≫─Ⅱの第5節も参照のこと．
　　いま，$q = s + iu + jv + kw$ なるある特別な数─四元数─を定義しよう[2]．ここで，s, u, v, w は普通の数（スカラー）で，i, j, k は謂わば超絶虚数（← という用語があるわけではない！　筆者が苦し紛れにいま作ったのだが，四元数や多元数を超複素数と称するのは事実である）とでも表現すべきある単位で，それぞれ x, y, z 方向の単位ベクトルのようなもの，と考えておこう（理由は後から分かる）．で，これらは以下の規則を有するとする．

$$i^2 = j^2 = k^2 = -1$$

---

[2] 複素数は $z = a + ib$ だったが，これをさらに複雑な，文中で述べるところの超絶虚数にして，i だけでなく j と k というワケのわからないものまで引っ付いてきたのである─ちなみに，一般的な複素数は二元数と称される．

$$ij = k, \ jk = i, \ ki = j$$

$$ji = -k, \ kj = -i, \ ik = -j$$

である．このようにして，2つの四元数

$$a = ia_x + ja_y + ka_z, \quad b = ib_x + jb_y + kb_z$$

を用いて (ここで，両者共に $q = s + iu + jv + kw$ で $s = 0$ とした)，この両者の掛け算を行ってみよう．すると，

$$(ia_x + ja_y + ka_z)(ib_x + jb_y + kb_z)$$

$$= i^2 a_x b_x + j^2 a_y b_y + k^2 a_z b_z$$

$$+ ija_x b_y + ika_x b_z + jia_y b_x + jka_y b_z + kia_z b_x + kja_z b_y$$

$$= -(a_x b_x + a_y b_y + a_z b_z)$$

$$+ i(a_y b_z - a_z b_y) + j(a_z b_x - a_x b_z) + k(a_x b_y - a_y b_x)$$

となる．これをよくよく見てみると，最初のスカラーの箇所は内積を表しており（全体でマイナスになっているが…），後ろの3項は，i, j, k をそれぞれ x, y, z 方向の単位ベクトルとみなせば外積を表している．こうして四元数から3次元ベクトルの外積が定義できる．

　ということは，うまく乗法を定義できれば，n 元数から $n-1$ 次元ベクトルの外積が定義できると推測できるのだが，五元数や六元数，七元数なるものの乗法はうまく定義できない．八元数はうまく定義できるが，計算はというと…，ただただ複雑で面倒になるだけなので深入りはしないでおくことにする…．

　しかし，細かな計算などより，ここで注目してほしいことは，現在，本書で展開している初等的な線形代数の理論は，さらに高次の理論で俯瞰的に包摂できるということである．この四元数による算術はそうした体系の存在を示唆するには充分であろう．

　さて，さらに行列演算の観点から解釈してみよう．$\begin{pmatrix} a_{11} & a_{12} \\ a_{21} & a_{22} \end{pmatrix} \begin{pmatrix} b_1 \\ b_2 \end{pmatrix} =$

$\begin{pmatrix} a_{11}b_1 + a_{12}b_2 \\ a_{21}b_1 + a_{22}b_2 \end{pmatrix}$ という掛け算はさらにどのように解釈し得るだろうか？

これは，$\begin{pmatrix} b_1 \\ b_2 \end{pmatrix}$ なるベクトルが行列 $\begin{pmatrix} a_{11} & a_{12} \\ a_{21} & a_{22} \end{pmatrix}$ によって，新たなるベクト

ル $\begin{pmatrix} a_{11}b_1 + a_{12}b_2 \\ a_{21}b_1 + a_{22}b_2 \end{pmatrix}$ へと変換されたと解釈可能である．

　実際に具体的な数を入れてみる．すると，たとえば $\begin{pmatrix} 1 & -2 \\ 2 & 1 \end{pmatrix} \begin{pmatrix} 1 \\ 2 \end{pmatrix} =$

$\begin{pmatrix} -3 \\ 4 \end{pmatrix}$ ならば，ベクトル $\begin{pmatrix} 1 \\ 2 \end{pmatrix}$ が，行列 $\begin{pmatrix} 1 & -2 \\ 2 & 1 \end{pmatrix}$ によって，ベクトル

$\begin{pmatrix} -3 \\ 4 \end{pmatrix}$ へと変換されたと解釈可能である．さらに，$\begin{pmatrix} 1 & -2 \\ 2 & 1 \end{pmatrix} \begin{pmatrix} 1 & -1 \\ 2 & 2 \end{pmatrix} =$

$\begin{pmatrix} -3 & -5 \\ 4 & 0 \end{pmatrix}$ は，$\begin{pmatrix} 1 \\ 2 \end{pmatrix} \rightarrow \begin{pmatrix} -3 \\ 4 \end{pmatrix}$，$\begin{pmatrix} -1 \\ 2 \end{pmatrix} \rightarrow \begin{pmatrix} -5 \\ 0 \end{pmatrix}$ という一連の変換と

解釈可能である[3]．

　実際，こうした一連の行列演算は，行列によるベクトルの1次変換と呼称されるものである．さらには，いささか蛇足的な説明かもしれないが，A を n 次の正則行列，x を n 次の列ベクトル（未知数），a を n 次の列ベクトルとして行列表記された連立方程式 $Ax = a$ を解くということは，行列 A によって列ベクトル a に変換される列ベクトル x を $x = A^{-1}a$ と求める逆問題であると，今度はベクトル的に解釈することもできるのである．ということは，中学校のときに解いていた連立方程式とは，こうしたベクトルを求めていた，とも解釈できるのである．

　次章では，こうした変換について考察しよう．

---

[3] あるいは，$(1 \quad -2)\begin{pmatrix} 1 & -1 \\ 2 & 2 \end{pmatrix} = (-3 \quad -5)$，$(2 \quad 1)\begin{pmatrix} 1 & -1 \\ 2 & 2 \end{pmatrix} = (4 \quad 0)$ で，

$(1 \quad -2)$，$(2 \quad 1)$ の行ベクトルをそれぞれ $(-3 \quad -5)$，$(4 \quad 0)$ の行ベクトルへと変換したとも解釈できる（p.124，インターリュードⅡの3を参照のこと）．

4-1　以下の2つのベクトルについて，①まず両者の内積を求め，次に②両者のなす角度を求めよ（ただしもし角度をしっかり確定できそうにない値なら両者のコサインの値をもって角度とせよ）．またさらに，③両者がなす三角形の面積を求めよ．

(1) $\boldsymbol{a} = \begin{pmatrix} 1/\sqrt{2} \\ 1/\sqrt{2} \end{pmatrix}$, $\boldsymbol{b} = \begin{pmatrix} 0 \\ -3 \end{pmatrix}$　(2) $\boldsymbol{a} = \begin{pmatrix} 1 & 1 & -1 \end{pmatrix}$, $\boldsymbol{b} = \begin{pmatrix} 0 & 1 & -2 \end{pmatrix}$

(3) $\boldsymbol{a} = \begin{pmatrix} 1 & \sqrt{3} \end{pmatrix}$, $\boldsymbol{b} = \begin{pmatrix} -2 & -2 \end{pmatrix}$　(4) $\boldsymbol{a} = \begin{pmatrix} 1 & 1 \end{pmatrix}$, $\boldsymbol{b} = \begin{pmatrix} -2 & -2 \end{pmatrix}$

(5) $\boldsymbol{a} = \begin{pmatrix} 1 \\ 1 \\ 0 \end{pmatrix}$, $\boldsymbol{b} = \begin{pmatrix} 2 \\ 1 \\ -1 \end{pmatrix}$

4-2　以下の2つのベクトルについて，①まず両者の外積 $\boldsymbol{a} \times \boldsymbol{b}$ を求め，次に②両者が作る平行四辺形の面積を求めよ．

(1) $\boldsymbol{a} = \begin{pmatrix} 2 & 0 & 0 \end{pmatrix}$, $\boldsymbol{b} = \begin{pmatrix} 1 & 0 & 2 \end{pmatrix}$　(2) $\boldsymbol{a} = \begin{pmatrix} 1 \\ 2 \end{pmatrix}$, $\boldsymbol{b} = \begin{pmatrix} -1 \\ -2 \end{pmatrix}$

(3) $\boldsymbol{a} = \begin{pmatrix} 1 \\ 1 \\ 2 \end{pmatrix}$, $\boldsymbol{b} = \begin{pmatrix} 0 \\ -1 \\ 3 \end{pmatrix}$　(4) $\boldsymbol{a} = \begin{pmatrix} 1 & 1 & -1 \end{pmatrix}$, $\boldsymbol{b} = \begin{pmatrix} 0 & 1 & -2 \end{pmatrix}$

(5) $\boldsymbol{a} = \begin{pmatrix} -1 & 1 \end{pmatrix}$, $\boldsymbol{b} = \begin{pmatrix} 2 & 1 \end{pmatrix}$

4-3

(1) ベクトル $\boldsymbol{a}$ と $\boldsymbol{b}$ について，$|\boldsymbol{a} \cdot \boldsymbol{b}| \leqq |\boldsymbol{a}| \, |\boldsymbol{b}|$ となることを示せ．——なお，これをコーシー・シュワルツの不等式と呼ぶ．

(2) ベクトル $\boldsymbol{a}$ と $\boldsymbol{b}$ について，不等式 $|\boldsymbol{a} + \boldsymbol{b}| \leqq |\boldsymbol{a}| + |\boldsymbol{b}|$ を示せ．

4-4

(1) 互いに直交するベクトル $\boldsymbol{a}$ と $\boldsymbol{b}$ によって $\boldsymbol{v} = \boldsymbol{a} \cos\theta + \boldsymbol{b} \sin\theta$ というベクトル $\boldsymbol{v}$ が与えられているとする．この場合，$|\boldsymbol{v}|^2$ を最大にする角度 θ を求めよ．ただし，$|\boldsymbol{a}| = \sqrt{2}, |\boldsymbol{b}| = 1$ として，角度は $0 \leqq \theta < 2\pi$ [4] とする．（注意：θ とベクトル $\boldsymbol{a}$ と $\boldsymbol{b}$ の角度は別であることに注意せよ．）

(2) ベクトル $\boldsymbol{a}$ と $\boldsymbol{b}$ を用いて，$f(\theta) = (\boldsymbol{a} \cdot \boldsymbol{b})^2 + 2(\boldsymbol{a} \cdot \boldsymbol{b}) + 1$ と表される関数があるとする．ここで，変数 θ はベクトル $\boldsymbol{a}$ と $\boldsymbol{b}$ のなす角度，および $|\boldsymbol{a}| = \sqrt{3}, |\boldsymbol{b}| = \sqrt{2}$ とし，角度は $0 \leqq \theta < 2\pi$ として以下の問いに答えよ．

　　① ベクトル $\boldsymbol{a}$ と $\boldsymbol{b}$ が直交するときと平行なときの $f(\theta)$ の値をそれぞれ求めよ．

---

[4] 弧度法
　　円の弧の長さと角度は比例している．これを利用して，半径1の円の弧の長さで角度を表す方法が弧度法である．この場合，$90°$ は $\dfrac{\pi}{2}$，$180°$ は π，$360°$ は 2π である．

② $f(\theta)$ の最大値と最小値を求め，それぞれそのときの角度 θ を求めよ．

4-5　一般的に傾き s の直線に直交する直線の傾きは $-\dfrac{1}{s}$ である．言い換えれば，両者の傾きの積が -1 となる場合であるが，これを内積の観点から確かにそうなることを確認せよ．

ベクトル変換・回転行列・複素数

　本章では前章の最後で解説したベクトル変換についてさらに詳細に考察しよう．特に，ベクトルの回転変換について考えよう．さらに，対象を複素数に拡張してベクトルと複素数との解釈上のアナロジーについても詳述しよう．

　本章は，概念的には前章よりもわかりやすいと思われる．難解に感じた場合は，ベクトルに関する諸々の概念がしっかりと定着していないということである．その場合は，前章に戻って知識を確認するよう努めてほしい．

1.　ベクトルの変換について再考する

　前章の最後に述べたことを簡潔に一般化しておこう．要するには以下のようなことである．すなわち，あるベクトル $\boldsymbol{a}$ があって，これが行列 A によって表される変換によって $\boldsymbol{a}'$ に変換された場合，つまり，$A\boldsymbol{a} = \boldsymbol{a}'$ の場合，これをベクトルの1次変換と称する．

　たとえば，

$$\begin{pmatrix} 2 & -1 \\ -1 & 3 \end{pmatrix} \begin{pmatrix} 1 \\ 1 \end{pmatrix} = \begin{pmatrix} 1 \\ 2 \end{pmatrix}$$

のような場合であり，この場合は，$\begin{pmatrix} 1 \\ 1 \end{pmatrix}$ が $\begin{pmatrix} 1 \\ 2 \end{pmatrix}$ へと変換されている．以下に図示する．確かに，矢印たるベクトルが変化していることがわかる．

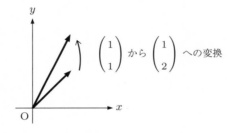

図 5.1

　なお，この逆向きが逆変換であり，これを表すものは，$\begin{pmatrix} 2 & -1 \\ -1 & 3 \end{pmatrix}$ の逆行列 $\dfrac{1}{5}\begin{pmatrix} 3 & 1 \\ 1 & 2 \end{pmatrix}$ である．実際に，これで $\begin{pmatrix} 1 \\ 2 \end{pmatrix}$ を変換してみると，$\dfrac{1}{5}\begin{pmatrix} 3 & 1 \\ 1 & 2 \end{pmatrix}\begin{pmatrix} 1 \\ 2 \end{pmatrix}$ $= \begin{pmatrix} 1 \\ 1 \end{pmatrix}$ となって元に戻ってくる．

　さて，再度，図5.1を見て考えてみよう．単純に変換と述べても，よく見てみると，2つに分けられることがわかる．1つは，長さの変換（伸縮）であり，1つは回転である．この2つの変換のうち，ベクトルにとってより重要で根幹

に関わる変換はもちろん回転である．長さの変換は単に同じ方向を向いている矢印を伸ばしたり縮めたり，文字通り伸縮しているにすぎない（逆向きにしたければマイナスの定数を掛ければよい）．あるいは，言い換えれば，ベクトルとは長さと方向を有する量なのだが，この両方の性質でよりベクトルにとって本質的で重要な性質は方向だ，ということなのだ．

　数学的ではない説明ではあるが，北海道へ向かおうとして（たとえば東京から）確実に北海道へ行くために必要なことは，距離よりも方角である．距離が合っていても方向が違っていたらほぼ間違いなく北海道には到達できない．東京から北海道へ行こうとして東に向かったらまず間違いなく絶対に北海道には到達しないが，距離はわからないけれど北へ向かえば確実に北海道に到着する．

　あるいはこんな事態を想像してほしい．たとえば，東京から大阪へ向かおうとしている人物がいて，彼（彼女）は，大阪がどこにあるかまったく知らないとする．この場合，この人物に1つだけ情報を与えるとして「西へ行け」と言う方が親切か「400 km 移動しろ（東京–大阪間は直線距離で 401 km である）」と教える方が親切だろうか，ということを考えてみるとわかる（と思う）．もっとも，これらの例がどこまで適切であるかはいささか自信がないのだが，要するには，ベクトルにとって，長さはなんとでもなる因子であって，より本質的なものは向きである．ということは了解されたことと思う．

　なお，長さの変換の代表的なものは，たとえば $2\begin{pmatrix} 1 & 0 \\ 0 & 1 \end{pmatrix}$ ならば，長さを2倍にし，$5\begin{pmatrix} 1 & 0 \\ 0 & 1 \end{pmatrix}$ ならば長さを5倍にする，$\cdots$ と，そういうことである．実際にこれがベクトルの長さをそれぞれ2倍，5倍にしていることは明らかであろう[1]．つまり，$\begin{pmatrix} r & 0 \\ 0 & r \end{pmatrix}$ は長さを伸縮させる変換として理解できる（r は任意の数）．

---

[1] たとえば，$2\begin{pmatrix} 1 & 0 \\ 0 & 1 \end{pmatrix}\begin{pmatrix} 1 \\ 1 \end{pmatrix} = \begin{pmatrix} 2 \\ 2 \end{pmatrix}$ であるが，変換されるベクトル $\begin{pmatrix} 1 \\ 1 \end{pmatrix}$ の長さは $\sqrt{2}$

さらに，$Aa = a'$ の変換を行った後に B の変換を行う場合は，Ba' を行えばよいのだから，BAa ということである．これもまた確認しておいてほしい．

さて，では，件の回転変換である．——以下で出てくる回転の角度に用いられる弧度法は p.73 の脚注を参照のこと．

2.　回転変換，あるいは回転行列

本節では，回転変換を行うところの回転行列を導出しよう．

(1) 単位行列の回転から導出する

まずはもっとも単純で簡単な方法からである．x–y 座標上でベクトル $\begin{pmatrix} 1 \\ 0 \end{pmatrix}$

と $\begin{pmatrix} 0 \\ 1 \end{pmatrix}$ をそれぞれ原点を中心に角度 θ だけ回転させてみよう（回転の方向は時計と逆向きを正とするのが慣例である）．すると，下図のようになる．

すなわち，いま，ベクトルを原点を中心に角度 θ 回転させる回転行列を $R(\theta)$ とすると，

$$R(\theta) \begin{pmatrix} 1 \\ 0 \end{pmatrix} = \begin{pmatrix} \cos\theta \\ \sin\theta \end{pmatrix}$$

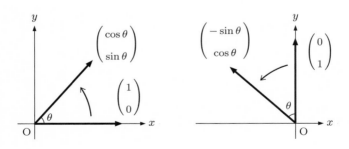

図 5.2

で，変換されたベクトル $\begin{pmatrix} 2 \\ 2 \end{pmatrix}$ の長さは，$2\sqrt{2}$ なので確かに 2 倍していることになる．これが一般的に成立することは自明であろう．

$$R(\theta)\begin{pmatrix} 0 \\ 1 \end{pmatrix} = \begin{pmatrix} -\sin\theta \\ \cos\theta \end{pmatrix}$$

である．これらを一緒にして書くと，

$$R(\theta)\begin{pmatrix} 1 & 0 \\ 0 & 1 \end{pmatrix} = \begin{pmatrix} \cos\theta & -\sin\theta \\ \sin\theta & \cos\theta \end{pmatrix}$$

となるのだから，したがって，回転行列 $R(\theta)$ は，

$$R(\theta) = \begin{pmatrix} \cos\theta & -\sin\theta \\ \sin\theta & \cos\theta \end{pmatrix}$$

となる．

(2) 三角関数の加法定理を用いる

今度は単位行列を回転させるのではなく，より一般的に長さ 1 で x 軸から角度 α の位置にあるベクトルをそこから原点を中心に角度 β だけ回転させてみることで導出しよう．下図のような場合である．

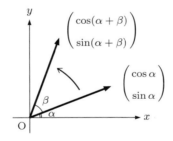

図 5.3

すなわち，

$$\begin{pmatrix} \cos\alpha \\ \sin\alpha \end{pmatrix} \xrightarrow{\;\beta\,\text{回転}\;} \begin{pmatrix} \cos(\alpha+\beta) \\ \sin(\alpha+\beta) \end{pmatrix}$$

である．

ところで，$\begin{cases} \cos(\alpha+\beta) = \cos\alpha\cos\beta - \sin\alpha\sin\beta \\ \sin(\alpha+\beta) = \cos\alpha\sin\beta + \sin\alpha\cos\beta \end{cases}$　であった．これを行列表示すると，

$$\begin{pmatrix} \cos(\alpha+\beta) \\ \sin(\alpha+\beta) \end{pmatrix} = \begin{pmatrix} \cos\beta & -\sin\beta \\ \sin\beta & \cos\beta \end{pmatrix} \begin{pmatrix} \cos\alpha \\ \sin\alpha \end{pmatrix}$$

と書ける．これは，ベクトル $\begin{pmatrix} \cos\alpha \\ \sin\alpha \end{pmatrix}$ を行列 $\begin{pmatrix} \cos\beta & -\sin\beta \\ \sin\beta & \cos\beta \end{pmatrix}$ で変換すると，ベクトル $\begin{pmatrix} \cos(\alpha+\beta) \\ \sin(\alpha+\beta) \end{pmatrix}$ になる，という表示になっている．さらに翻って考えてみるに（図の通りに考えてみると），われわれは，$\begin{pmatrix} \cos\alpha \\ \sin\alpha \end{pmatrix}$ を原点を中心に角度 β 回転させて $\begin{pmatrix} \cos(\alpha+\beta) \\ \sin(\alpha+\beta) \end{pmatrix}$ と作図したのであった．ということは，数式をよくよく解釈するに，上記の $\begin{pmatrix} \cos\beta & -\sin\beta \\ \sin\beta & \cos\beta \end{pmatrix}$ はベクトル $\begin{pmatrix} \cos\alpha \\ \sin\alpha \end{pmatrix}$ を原点を中心に角度 β 回転していることになる．したがって，角度 θ の回転行列は，

$$R(\theta) = \begin{pmatrix} \cos\theta & -\sin\theta \\ \sin\theta & \cos\theta \end{pmatrix}$$

となるはずである．

　以上，2 つの方法で回転行列を導出しておいた．
　ここで以下の問題を即座に行って，上記の回転行列が本当にベクトルを角度 θ だけ回転させていることを確認してみよ．

問 5.1

（1）以下の手順でベクトルを回転させよ.

① ベクトル $\begin{pmatrix} 1 \\ 0 \end{pmatrix}$ を原点を中心に $\dfrac{\pi}{4}$ 回転させるとどうなるか, 作図することで解答せよ.

② 回転行列でベクトル $\begin{pmatrix} 1 \\ 0 \end{pmatrix}$ を原点を中心に $\dfrac{\pi}{4}$ 回転させて①の結果と同じになることを確かめよ.

（2）以下の手順でベクトルを回転させよ.

① ベクトル $\begin{pmatrix} 1 \\ \sqrt{3} \end{pmatrix}$ を原点を中心に $\dfrac{\pi}{2}$ 回転させるとどうなるか, 作図することで解答せよ.

② 回転行列でベクトル $\begin{pmatrix} 1 \\ \sqrt{3} \end{pmatrix}$ を原点を中心に $\dfrac{\pi}{2}$ 回転させて①の結果と同じになることを確かめよ.

3. 複素拡張

　本節では, 考察対象を複素数にまで拡張することで, ベクトルとベクトルの変換, そして回転変換を考察し直そう.

　まずは複素数の復習からである[2]).

3.1 複素数

　複素数は, 虚数単位 i を $i^2 = -1$ として（実部）$+ i$（虚部）, つまり,

$$z = a + ib$$

と表記された.

　この z を横軸を実軸, 縦軸を虚軸として複素平面上に図示すると, 図5.4 のように原点からの長さ（距離）と方向を有する矢印のように見なすことができる. つまり, これ自体をベクトルと見なすことができる. また, そもそも, 複素数は実部と虚部2つの数字を指定するのであるからして, より抽象的にもベ

---

[2] ここで, 第1章5.3節を再確認するとよい.

クトルと解されるべきものなのである.

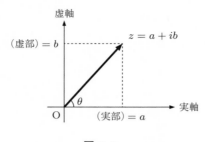

図 5.4

　すなわち,複素数は,複素平面上のベクトルと解釈できる.かくて,複素数とベクトルには以下のようなアナロジーがあることに気が付く.あるいは以下のようにアナロジカルに解する妥当性に気が付く.つまり,

$$z = a + ib \quad \leftrightarrow \quad \begin{pmatrix} a \\ b \end{pmatrix} \quad \left(あるいは \begin{pmatrix} a \\ b \end{pmatrix} は \begin{pmatrix} a & b \end{pmatrix} と表記してもよい \right)$$

である.実際,複素平面上のベクトル z の長さは,$\sqrt{a^2 + b^2}$ で与えられる(図からも明らかであろう).—以下,このアナロジーの妥当性を逐一確認してゆく.

　ここで,複素共役なる概念を導入する.以下である.

$$z = a + ib \quad \leftrightarrow \quad \overline{z} = a - ib$$

すなわち,虚部の正負を逆転させたものが互いにとっての複素共役である.

　すると,z の長さは,複素共役を用いて

$$|z| = \sqrt{z\overline{z}} = \sqrt{a^2 + b^2}$$

と書くことができる.

　さらに,図にあるように実軸からの角度を θ とすると,

$$\cos\theta = \frac{a}{\sqrt{a^2 + b^2}}, \ \sin\theta = \frac{b}{\sqrt{a^2 + b^2}}$$

であるので,

$$z = \sqrt{a^2 + b^2}\,(\cos\theta + i\sin\theta)$$

と表記することができる. そしてまた, $\cos\theta + i\sin\theta = e^{i\theta}$ であったので (微分積分篇 p.68 問題 *4-6* 参照のこと),

$$z = \sqrt{a^2 + b^2}\,e^{i\theta}$$

と書くこともできる. ちなみに, こう表記しても, $\bar{z} = \sqrt{a^2 + b^2}\,e^{-i\theta}$ なのだから, やっぱりちゃんと $|z| = \sqrt{z\bar{z}} = \sqrt{\sqrt{a^2 + b^2}\,e^{i\theta}\sqrt{a^2 + b^2}\,e^{-i\theta}} = \sqrt{(a^2 + b^2)\,e^{i(\theta-\theta)}} = \sqrt{a^2 + b^2}$ となる.

例題 5.1　複素数 $z = 1 + \sqrt{3}i$ について, ① まず, z を複素平面上に図示し, ② この複素ベクトルの長さを求め, ③ 対応する角度 (実軸との角度) を求めよ.

解答

①

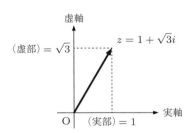

② $|z| = \sqrt{z\bar{z}} = \sqrt{\left(1 + \sqrt{3}i\right)\left(1 - \sqrt{3}i\right)} = \sqrt{4} = 2$ となる.

③ 角度は $\dfrac{\pi}{3}$ である. ちなみに, z を角度表示すると, $z = 2\left(\dfrac{1}{2} + \dfrac{\sqrt{3}}{2}i\right) = 2\left(\cos\dfrac{\pi}{3} + i\sin\dfrac{\pi}{3}\right)$ である. ということは, $z = 2e^{i\pi/3}$ とも書ける.

上記の例題を参考にして以下の問題で以上の知識を即座に確認せよ.

問 5.2
(1) 複素数 $z = 2 + i$ について, ① まず z を複素平面上に図示し, ② この複素ベクトルの長さを求め, ③ 対応する角度 (実数軸との角度) を求めよ.
(2) 複素数 $z = 3 - 2i$ について, ① まず z を複素平面上に図示し, ② この複素ベ

クトルの長さを求め，③ 対応する角度のサインの値を求めよ．

(3) 複素数 $z = -2 + 3i$ について，①まず z を複素平面上に図示し，② この複素ベクトルの長さを求め，③ 対応する角度のコサインの値を求めよ．

複素数の計算については練習問題の **5-6** にまとめておく．自信のない読者はここで先に当該の問題をやっておくとよい．

3.2　複素数を掛けることの意味──伸縮&回転変換

暗黙の内にすでに上記の複素数の掛け算の中で行っていたが，複素数の掛け算は，複素数を $z = a + ib$ と $w = c + id$ として，$zw = ac - bd + i(bc + ad)$ であった．

ここでは，ひとまず，この掛け算が具体的に（幾何学的に）どのような意味を有するかについて適当な（複素数）×（複素数）を計算し，結果を複素平面上に図示することで定性的な推測をすることから始めよう．

まず適当な2つの複素数の掛け算，たとえば，$(1 + 2i)(1 + i)$ を計算すると，$-1 + 3i$ である．図5.5 は，それぞれ $1 + 2i$ と $1 + i$ に計算結果 $-1 + 3i$ を重ねてみたものである．

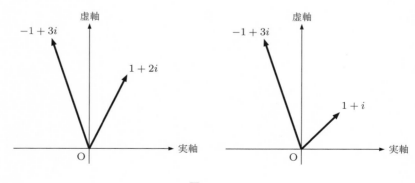

図 5.5

すると，$1 + 2i$ には $1 + i$ を掛けた結果（そしてもちろん $1 + i$ には $1 + 2i$ を

掛けた結果），複素平面上のベクトルは，$-1+3i$ へと回転および伸縮されたことが見てとれる．

では，$1+2i$ に $1+i$ を掛けた場合を考えてみよう．まず，$1+2i$ の長さは，$\sqrt{5}$ で，掛け算の後に長さが $\sqrt{10}$ となっているところを見るに，$1+i$ を掛けたことによって，$1+i$ の長さが $\sqrt{2}$ なので $\sqrt{2}$ 倍されたのではないか，と推測できる．

さらに，$1+i = \sqrt{2}\left(\dfrac{1}{\sqrt{2}} + \dfrac{1}{\sqrt{2}}i\right) = \sqrt{2}e^{i\pi/4}$ なのだから，$1+i$ を掛けることは，角度 $\dfrac{\pi}{4}$ の回転をさせることになるのではないか，とこれも推測してみる．

以上の推測が正しければ，$1+2i$ に $1+i$ を掛けることは，$1+2i \to \begin{pmatrix} 1 \\ 2 \end{pmatrix}$

として，ベクトル $\begin{pmatrix} 1 \\ 2 \end{pmatrix}$ を角度 $\dfrac{\pi}{4}$ 回転させて，長さを $\sqrt{2}$ 倍することに相当する．すなわち，それぞれ，

$$\text{角度 } \frac{\pi}{4} \text{ 回転} \quad \to \quad \begin{pmatrix} \cos\dfrac{\pi}{4} & -\sin\dfrac{\pi}{4} \\ \sin\dfrac{\pi}{4} & \cos\dfrac{\pi}{4} \end{pmatrix} = \frac{1}{\sqrt{2}}\begin{pmatrix} 1 & -1 \\ 1 & 1 \end{pmatrix}$$

$$\text{長さ } \sqrt{2} \text{ 倍} \quad \to \quad \sqrt{2}\begin{pmatrix} 1 & 0 \\ 0 & 1 \end{pmatrix}$$

となり，よって，トータルで，$\sqrt{2}\begin{pmatrix} 1 & 0 \\ 0 & 1 \end{pmatrix} \dfrac{1}{\sqrt{2}}\begin{pmatrix} 1 & -1 \\ 1 & 1 \end{pmatrix} = \begin{pmatrix} 1 & -1 \\ 1 & 1 \end{pmatrix}$

の変換である．この推測が正しければ，変換後には $\begin{pmatrix} 1 \\ 2 \end{pmatrix}$ は $-1+3i \to$

$\begin{pmatrix} -1 \\ 3 \end{pmatrix}$ なのだから，$\begin{pmatrix} -1 \\ 3 \end{pmatrix}$ となるはずである．実際に行ってみると，確か

に，$\begin{pmatrix} 1 & -1 \\ 1 & 1 \end{pmatrix}\begin{pmatrix} 1 \\ 2 \end{pmatrix} = \begin{pmatrix} -1 \\ 3 \end{pmatrix}$ である．

1つでは心許ないので，もう1つ確認しておこう．今度は，$1 + 3i$ に $1 + \sqrt{3}i$ を掛けてみよう．ちなみに，$1 + \sqrt{3}i$ は，$1 + \sqrt{3}i = 2\left(\dfrac{1}{2} + \dfrac{\sqrt{3}}{2}i\right) = 2e^{i\pi/3}$ であることから上記までの推測が正しければ $\dfrac{\pi}{3}$ 回転して2倍する変換になるはずである．

まず，$(1 + 3i)(1 + \sqrt{3}i) = (1 - 3\sqrt{3}) + i(3 + \sqrt{3})$ である．で，この掛け算が，$\dfrac{\pi}{3}$ 回転して2倍することに相当するなら，$2\begin{pmatrix} 1 & 0 \\ 0 & 1 \end{pmatrix}\begin{pmatrix} \cos\dfrac{\pi}{3} & -\sin\dfrac{\pi}{3} \\ \sin\dfrac{\pi}{3} & \cos\dfrac{\pi}{3} \end{pmatrix}$

$= \begin{pmatrix} 1 & -\sqrt{3} \\ \sqrt{3} & 1 \end{pmatrix}$ の変換であるはずである．実際に行ってみると，

$\begin{pmatrix} 1 & -\sqrt{3} \\ \sqrt{3} & 1 \end{pmatrix}\begin{pmatrix} 1 \\ 3 \end{pmatrix} = \begin{pmatrix} 1 - 3\sqrt{3} \\ \sqrt{3} + 3 \end{pmatrix}$ である．すなわち，複素数表示だと $(1 - 3\sqrt{3}) + i(3 + \sqrt{3})$ となり，予測通りである．長さについても，最初は $\sqrt{10}$ であったが，掛け算後（変換後）は，確かに $2\sqrt{10}$ になっている（計算は各自で行うこと）．したがって，これもまた予想通りである．——同様のさらなる確認は以下の問題と章末問題で行ってほしい．

かくして，上記の2つの事例から複素数の掛け算について，ベクトル変換の視点から以下のように一般化できる．

一般的に，複素数 $z = a + ib$ について，これをある複素数に掛けるということは，$z = a + ib = \sqrt{a^2 + b^2}\left(\dfrac{a}{\sqrt{a^2 + b^2}} + i\dfrac{b}{\sqrt{a^2 + b^2}}\right)$ で，$\dfrac{a}{\sqrt{a^2 + b^2}} = \cos\theta$，$\dfrac{b}{\sqrt{a^2 + b^2}} = \sin\theta$ として，掛けられた側の複素数の複素平面上でのベクトルの長さを $\sqrt{a^2 + b^2}$ 倍して，角度 θ の回転をさせることに相当するのである．——ということは，逆向きに述べると，ベクトルの変換とは，かかる複素数の掛け算に相当するということである．

つまり（いささかしつこいがチャートのように描いておこう），

$$z = a + ib = re^{i\theta} \text{ を掛ける}$$

$$\updownarrow$$

$$\underbrace{\begin{pmatrix} r & 0 \\ 0 & r \end{pmatrix} \begin{pmatrix} \cos\theta & -\sin\theta \\ \sin\theta & \cos\theta \end{pmatrix}}_{r \text{ 倍して } \theta \text{ 回転する}} \text{ を掛ける}$$

である（これまたしつこいが，ここで，$\dfrac{a}{\sqrt{a^2+b^2}} = \cos\theta$, $\dfrac{b}{\sqrt{a^2+b^2}} = \sin\theta$, $r = \sqrt{a^2+b^2}$ である）．ちなみに伸縮の変換と回転変換は，交換可能であることは伸縮が（定数）×（単位行列）と表されることから明らかである．

> **問 5.3**
> (1) 複素数 $z = \sqrt{3} + i$ を複素平面上に図示し，実数軸との角度を求めよ．
> (2) 複素数 $z = \sqrt{3} + i$ に複素数 $w = 1 + \sqrt{3}i$ を掛ける．
>   ① $w = 1 + \sqrt{3}i$ を掛けることはどういう変換になるかを述べよ．
>   ② 実際に掛け算を行い，複素平面上で $z = \sqrt{3} + i$ が①の通りに変換されていることを確認せよ．
>   ③ ①と②で行ったことをあえて x–y 平面上で行い，ベクトル変換として同じ結果となることを確認せよ．
>
> **問 5.4** 複素数 $z = -1$（虚数成分は 0 ということである）に複素数 $w = \sqrt{3} - i$ を掛ける．
> (1) 複素数 $w = \sqrt{3} - i$ を掛けることはどんなベクトル変換に相当するかを述べよ．
> (2) (1) の通りにベクトル $\begin{pmatrix} -1 \\ 0 \end{pmatrix}$ を変換せよ．
> (3) (2) の結果が $zw = -1 \times (\sqrt{3} - i)$ の結果に相当することを確認せよ．

4.　社会科学上の応用

　本章の最後に社会科学，特に経済学・経営学においてベクトル変換がどのように利用されるかについて4つほど事例を挙げて簡単に紹介しておこう．

（1）ブランド・ロイヤリティとシェアの推移

　まずは，非常に劇的な結果を示してくれるものから始めよう．商品ブランド

のロイヤリティの推移とシェアに関するものである．——もっとも，最初に述べ
ておくと，この種のモデルは，ブランドのロイヤリティやシェアに関するもの
だけでなく，もう少し広い範囲の社会的なモデル（状態が推移してゆく類のも
の）に適用可能である．そうした事例の1つを章末問題の問題 **5-9** に挙げてお
くので参考にしてほしい．

　さて，ではモデルの概要である‥‥．

　いま，競合する A 社と B 社があったとしよう．A 社と B 社の商品はほぼ1
年ごとに買い換えが起こっていることがこれまでの調査でわかっており，その
際に，A 社の製品から A 社の製品へと買い換える人は70%，B 社へ切り替え
てしまう人は30%，B 社から B 社への買い換えは60%，A 社への切り替えは
40%であったとしよう．すると，今現在の A 社の顧客を a 人，B 社の顧客を b
人とすると，1年後の顧客の数はそれぞれ以下のようになる．

$$\begin{cases} a' = 0.7a + 0.4b \\ b' = 0.3a + 0.6b \end{cases}$$

すなわち，1年後の顧客数は，行列表示すると，

$$\begin{pmatrix} a' \\ b' \end{pmatrix} = \begin{pmatrix} 0.7 & 0.4 \\ 0.3 & 0.6 \end{pmatrix} \begin{pmatrix} a \\ b \end{pmatrix}$$

と表される．ここで，列ベクトル $\begin{pmatrix} a \\ b \end{pmatrix}$ を現時点での顧客の数とすれば，これ
は，顧客の数で作った2次元ベクトルが変換される数学モデルである．

　ひとまずは，計算を簡単にするため，顧客の数が同数でシェアが 1:1
だったとして $\begin{pmatrix} a \\ b \end{pmatrix} = \begin{pmatrix} 1 \\ 1 \end{pmatrix}$ から推移を見よう．すると，1年後の顧客の

配分は，$\begin{pmatrix} 0.7 & 0.4 \\ 0.3 & 0.6 \end{pmatrix} \begin{pmatrix} 1 \\ 1 \end{pmatrix}$，2年後には $\begin{pmatrix} 0.7 & 0.4 \\ 0.3 & 0.6 \end{pmatrix}^2 \begin{pmatrix} 1 \\ 1 \end{pmatrix}$，3年後には，

$$\begin{pmatrix} 0.7 & 0.4 \\ 0.3 & 0.6 \end{pmatrix}^3 \begin{pmatrix} 1 \\ 1 \end{pmatrix}, \cdots, n \text{ 年後には } \begin{pmatrix} 0.7 & 0.4 \\ 0.3 & 0.6 \end{pmatrix}^n \begin{pmatrix} 1 \\ 1 \end{pmatrix} \text{ のシェアになって}$$

いるはずである.

　具体的に行ってみると, 1 年後には $\begin{pmatrix} 1.13 \\ 0.87 \end{pmatrix}$, 2 年後には $\begin{pmatrix} 1.139 \\ 0.861 \end{pmatrix}$, となっ

てゆく. では, 行列の方はどうなってゆくかというと, 実際に計算してみると, 以下のようになることがわかる (この計算は次章の第 4 節で詳述する).

$$\lim_{n \to \infty} \begin{pmatrix} 0.7 & 0.4 \\ 0.3 & 0.6 \end{pmatrix}^n = \frac{1}{7} \begin{pmatrix} 4 & 4 \\ 3 & 3 \end{pmatrix}$$

したがって, 将来的に顧客の配分は, $\dfrac{1}{7} \begin{pmatrix} 4 & 4 \\ 3 & 3 \end{pmatrix} \begin{pmatrix} 1 \\ 1 \end{pmatrix} = \dfrac{1}{7} \begin{pmatrix} 8 \\ 6 \end{pmatrix}$ となり,

$1:1$ から始まって徐々に $8/7 : 6/7 = 4 : 3$ のシェアへと漸近的に近づいてゆくことがわかる. これをマルコフ推移過程, あるいはマルコフ・チェーンなどと称する. なお, 上記の $\lim_{n \to \infty}$ は極限といい. n を無限大まで大きくするという意味である (姉妹書の微分積分篇の第 2 章を参照のこと).

　ここで, 驚くべきは, これがたとえば最初は $3 : 2$ のシェアだったらどうなるかを計算してみると,

$$\frac{1}{7} \begin{pmatrix} 4 & 4 \\ 3 & 3 \end{pmatrix} \begin{pmatrix} 3 \\ 2 \end{pmatrix} = \frac{1}{7} \begin{pmatrix} 20 \\ 15 \end{pmatrix}$$

となって, $20/7 : 15/7 = 4 : 3$ に落ち着き, $2 : 1$ で始めても,

$$\frac{1}{7} \begin{pmatrix} 4 & 4 \\ 3 & 3 \end{pmatrix} \begin{pmatrix} 2 \\ 1 \end{pmatrix} = \frac{1}{7} \begin{pmatrix} 12 \\ 9 \end{pmatrix}$$

となって, $12/7 : 9/7 = 4 : 3$ に落ち着くということである. よく考えれば (よく見てみれば), 行列の最終形態からこうなることは自明なのではあるが[3), こ

[3) 一般的に $\alpha : \beta$ で始めると, $\dfrac{1}{7} \begin{pmatrix} 4 & 4 \\ 3 & 3 \end{pmatrix} \begin{pmatrix} \alpha \\ \beta \end{pmatrix} = \dfrac{1}{7} \begin{pmatrix} 4\alpha + 4\beta \\ 3\alpha + 3\beta \end{pmatrix}$ となるから, どうやっても $4 : 3$ に落ち着くことが示される. これは行列の数字からして自明なのではあるが$\cdots$.

の結果は最初の設定を眺めていただけではとうてい推測できなかった結果ではないだろうか. 最初のシェアがどうであろうと, あのような状況下であれば, 結局のところシェアは 4 : 3 に落ち着くというのである. こうしたことを苦も無く示すところに線形代数の, あるいは数学の真価がある.

　ただし考えておかなければならないのは, この例でただちにわかったように, これは現時点での状況がずっと続いたらという重要な前提条件が付されるということであり, その限りで正確だということである. すなわち, 消費者の動向が変わったり, 企業の戦略によって他社に乗り換える顧客が減ったり (あるいは増えてしまったり) すると変わってくる (当たり前だが…). 実際, このモデルは, 現状のままだとシェアが将来的にどうなるかを非常に正確に予測してくれる (会社の戦略会議などで使うには非常に有効であろう). ──この別の問題を練習問題として章末に挙げておくので試みてほしい.

　なお, この例を用いた解説は, 次章で固有値・固有ベクトルの概念を学んだ後に第 4 節の (2) においても行う.

　次に産業の連関, あるいは, 部門間の連関についての事例を挙げておこう.

(2) 投入行列─産業連関表
　ここで解説するのは, 産業間の連関が, どのような結果をもたらしているか, ということを分析する手法・モデルである. 本来は, かなり大規模に調査されるべきものであるが, ここでは最も単純な例として A 産業と B 産業の連関 (あるいは A 部門と B 部門の連関) について考えよう. 以下のような場合である.

　　A 産業の生産物を 1 単位作るのに A 産業の生産物を 0.6 単位使用した.
　　A 産業の生産物を 1 単位作るのに B 産業の生産物を 0.8 単位使用した.
　　B 産業の生産物を 1 単位作るのに A 産業の生産物を 0.1 単位使用した.
　　B 産業の生産物を 1 単位作るのに B 産業の生産物を 0.4 単位使用した.

この設定で，投入行列を

$$\begin{pmatrix} 0.6 & 0.1 \\ 0.8 & 0.4 \end{pmatrix}$$

として定義すると，現時点で A の生産物が 100，B の生産物が 200 あったなら
ば，これらは，

$$\begin{pmatrix} 0.6 & 0.1 \\ 0.8 & 0.4 \end{pmatrix} \begin{pmatrix} 100 \\ 200 \end{pmatrix} = \begin{pmatrix} 80 \\ 160 \end{pmatrix}$$

となるので，A 産業は 80 の生産物を投入し，B 産業は 160 の生産物を投入す
ることで，A 産業は 100 の生産物を得て，B 産業は 200 の生産物を得た，と
いう結果になっていることがわかる．つまり，トータルでは，240 の投入から
300 を得た，ということになる．

　ここで，生産物が A 産業も B 産業も 100 と 100 であった場合は，

$$\begin{pmatrix} 0.6 & 0.1 \\ 0.8 & 0.4 \end{pmatrix} \begin{pmatrix} 100 \\ 100 \end{pmatrix} = \begin{pmatrix} 70 \\ 120 \end{pmatrix}$$

となる．この場合，190 を投入して 200 を得ているので，トータルではプラス
になっているが，B 産業は 120 → 100 となって減少しているので速やかに改
善しなければそのうちに破綻する可能性がある，と判断（推測）できる．

　さらに数字を操作してみよう．たとえば，2 行 2 列目の 0.4 が 0.5 になって
いた場合は，

$$\begin{pmatrix} 0.6 & 0.1 \\ 0.8 & 0.5 \end{pmatrix} \begin{pmatrix} 100 \\ 100 \end{pmatrix} = \begin{pmatrix} 70 \\ 130 \end{pmatrix}$$

なので，200 を投入して 200 を得ているという状況で，トータルではイーブン
だが，やはり B 産業は 130 → 100 なのでこれもまた危険であろう．というか，
このままではそのうち頓挫するはずである．もっとも，特定の産業 (部門) で減
少していても，そのセクションに恒常的に外部からの投入が見込めれば問題な
しと判断することもできる．

　その他，色々と数字を変えて試みてみるとよい．

ところで，このモデルの時間方向は気をつけておかなければならない．上記の方程式は「今現在の生産物」が時間的に先であるところの「過去の生産物」をどれだけ投入して生産されているかを導出する形式になっているからである．これを時間順序に沿って逆転するには，投入行列の逆行列をとればよいことはわかるであろう．たとえば，投入行列が，$\begin{pmatrix} 0.6 & 0.1 \\ 0.8 & 0.4 \end{pmatrix}$ ならば，この逆行

列は，$\dfrac{25}{4} \begin{pmatrix} 0.4 & -0.1 \\ -0.8 & 0.6 \end{pmatrix}$ であり，これを用いれば，投入する生産物の量から生産される生産物の量を導くことができる．

これもまた，様々に数字を設定することで，色々と試みてみるとよい．いわば，紙の上でちょっとした実験をするようなものである．どのように設定するとジリ貧になるか，どのような数字の設定だと混乱するか，バランスが悪いか，そしてもちろん良いか，などなどが数字の設定から見えてくるはずである．

このアイデアは，1936 年にロシア人経済学者ワシリー・レオンチェフ（1905–1999，旧ソビエト出身で主にアメリカで活躍した）がアメリカを対象にして始めておこなったいわゆる産業連関表と呼ばれるものである．現在では，ほとんど各国の政府機関で同様の調査がなされるようになった．ちなみに，レオンチェフは 1973 年に投入行列（投入産出分析）の研究でノーベル経済学賞を受賞している．要点は上記まででほぼ尽くされているが，さらなる詳細は経済学，経済数学の書物を紐解いてみてほしい．

（3）連立漸化式

もう 1 つ例を挙げておく．連立漸化式である．漸化式とは，数列の用語（概念）で，たとえば，数列 a_n が，$a_n = p a_{n-1} + q$（p と q は任意の定数）のように書かれるような場合である．この場合，a_1 が具体的に与えられれば次々とその次の項が現れてくる．

経済学，経営学では，複数の変数が関連しながら（依存的な関係にありなが

ら）値を変化させてゆく事例が多々ある（もちろん自然科学にもある）．たとえば，インフレ率と失業率の関係であったり，物価上昇率と国内総生産との関係であったりと，事例は限りなく存在する（読者自らでさらなる具体的なものは調べてみてほしい）．そして，もちろん，もっと複雑に関連しあったさらに多くの変数からなるモデルも考えることができる．

ここでは，任意のある2つの変数（指標）が，関連しあいながら値を変化させてゆく事例を考察する．たとえば上記した n 年後のインフレ率 x_n と失業率 y_n であっても基本的には何でもいいが，いずれにせよ両者が，

$$\begin{cases} x_n = ax_{n-1} + by_{n-1} \\ y_n = cx_{n-1} + dy_{n-1} \end{cases}$$

のような形で表現される場合である．この場合，

$$\begin{pmatrix} x_n \\ y_n \end{pmatrix} = \begin{pmatrix} a & b \\ c & d \end{pmatrix} \begin{pmatrix} x_{n-1} \\ y_{n-1} \end{pmatrix}$$

と書くことができる．最初の表記でも明らかであるが，このように行列で記載すると，現在の $\begin{pmatrix} x_n \\ y_n \end{pmatrix}$ は，1つ前の $\begin{pmatrix} x_{n-1} \\ y_{n-1} \end{pmatrix}$ から，そしてまた，$\begin{pmatrix} x_{n-1} \\ y_{n-1} \end{pmatrix}$ はもう1つ前の $\begin{pmatrix} x_{n-2} \\ y_{n-2} \end{pmatrix}$ から $\cdots$，と次々と導き出され，x と y が互いに影響しあっているのがわかるだろう．

もちろん上記したようにもっと複数の指標からなるベクトルをさらに高次の行列形式で表示することもできる．

（4）人口動態の予測

人口動態についても過去からのデータ（現在判明しているデータ）を行列として表すことで予測することができる．ここでは，20年刻みで女性の人口だけを扱ってみよう．なお，以下に提示するデータ（数字）は勝手に筆者がでっちあげたものでまったく現実を反映していないので間違えないでほしい．

年齢層を 20 年刻みとして，0〜19 歳，20〜39 歳，40〜59 歳，60〜79 歳，80 歳以上，と大雑把に分けて，それぞれの層に 100 人ずつ分布している状態を初状態としよう．で，0〜19 歳の女性が今後 20 年の間に女の子を産む率を 0.2（今後 20 年の間にこの層の女性が女性を 20 人産むという想定）とし，20〜39 歳の女性が今後 20 年の間に女の子を産む率を 0.6（この層の女性が 20 年の間に 60 人の女性を産むと想定）とし，同じように，40〜59 歳の層は 0.2 とし，60 歳以上の層は 0 とする．これらを行列の 1 行目に並べる．

次に，やはり 20 年刻みで生存率を 0〜19 歳で 0.9 として 2 行 1 列目に，20〜39 歳で 0.8，として 3 行 2 列目に，40〜59 歳で 0.7 として 4 行 3 列目に，60〜79 歳で 0.6 として 5 行 4 列目に，それぞれ配置する．

すると，以下のような行列が作られる．

$$\begin{pmatrix} 0.2 & 0.6 & 0.2 & 0 & 0 \\ 0.9 & 0 & 0 & 0 & 0 \\ 0 & 0.8 & 0 & 0 & 0 \\ 0 & 0 & 0.7 & 0 & 0 \\ 0 & 0 & 0 & 0.6 & 0 \end{pmatrix}$$

これに，各年齢層の人口数からできたベクトル $\begin{pmatrix} 100 \\ 100 \\ 100 \\ 100 \\ 100 \end{pmatrix}$ を掛けると，20 年後に人口がどう推移するかがわかる．つまり，

$$\begin{pmatrix} 0.2 & 0.6 & 0.2 & 0 & 0 \\ 0.9 & 0 & 0 & 0 & 0 \\ 0 & 0.8 & 0 & 0 & 0 \\ 0 & 0 & 0.7 & 0 & 0 \\ 0 & 0 & 0 & 0.6 & 0 \end{pmatrix} \begin{pmatrix} 100 \\ 100 \\ 100 \\ 100 \\ 100 \end{pmatrix} = \begin{pmatrix} 100 \\ 90 \\ 80 \\ 70 \\ 60 \end{pmatrix}$$

さらに 20 年後には，

$$\begin{pmatrix} 0.2 & 0.6 & 0.2 & 0 & 0 \\ 0.9 & 0 & 0 & 0 & 0 \\ 0 & 0.8 & 0 & 0 & 0 \\ 0 & 0 & 0.7 & 0 & 0 \\ 0 & 0 & 0 & 0.6 & 0 \end{pmatrix} \begin{pmatrix} 100 \\ 90 \\ 80 \\ 70 \\ 60 \end{pmatrix} = \begin{pmatrix} 90 \\ 90 \\ 72 \\ 56 \\ 42 \end{pmatrix}$$

などとなってゆく.

　もっとも，先にも述べたが，これはかなりいい加減な数値でまったく非現実的ではあるが，基本的にこのように人口の推移を見積もるのである．で，男性について，外国から帰化した人口，などなどを加味してゆき，年齢の刻みを1年ごとに100歳までなどとしてゆくとさらに現実に即した予測が可能となる，というわけである．もちろん，ここで使用される計算は，上記のようなベクトル変換のようなものだけではなく，単なる加算なども併用されて形成することは言うまでもない（章末の練習問題の **5-11** で続きを検討することにする）.

　ところで，この設定だとどんどん人口が少なくなってしまう．では，減らないようにするには数字をどういじればよいだろうか？　あるいは増えるにはどう数字をいじればよいだろうか？　実際に，こうした発想からどれくらい外国から移民が来て，どれくらい女性が子供を産んでくれればいいか，という数字がはじき出されるのである.

　余談ではあるが，筆者はこの発想に何とも言いがたい違和感を覚えた．それは，おそらくは，人を数値化することへの根源的な違和感と，人を単なる人材（グローバル人材とか女性人材とか）としか見ない冷たい眼差しへの違和感であろうと思う．人は材料などではないのである！　読者諸君は，どう考えるだろうか？　こうしたことも是非とも考えてほしい.

　さて，以上，4つのモデルについて詳述してきたが，これらに共通していることは，現状から（現在の情報から）形成された行列を現在の状態を表すベクトル（という数字の組）に乗じてゆくことで，端的に述べると，現状を外挿するとどうなるか，ということを考察することに優れている点である．(2) の事例

では，時間的には以前の状態を導出しているため，そうではないように思える
が時間順序が逆転しているだけで，結局のところ，原理的に現状の外挿（過去
への外挿）であることに変わりはないことに注意してほしい．なんとなれば，
逆行列をとれば瞬時に時間が反転するのであるから．

　そして，これらの予測は，一見すると非常にクリアーな見通しを与えてくれ
る．また数理的な説得力もあって，確かに見事である．しかし，それでもこれ
は単なるモデルであり，現状の外挿にすぎないということは繰り返し強調して
おかなければならない．言い換えると，「現在の状態」という強いバイアスが
かかっているということである．とかく人間は，現在の状態というバイアスに
非常に弱いものであって，現在の状態が将来もずっと続くと考えがちなのであ
る．そんなことはありえない，と頭でわかっていても行動がどうしても現状に
引きずられてしまう．その代表的な状態がたとえばインフレであり，デフレで
ある．そして極端な場合，前者はバブルを引き起こし，後者はデフレ・スパイ
ラルを引き起こしてしまう[4]．

　とにかく，現象がさらに複雑化すると現在の情報から形成する行列について，
どの要素を取り上げるかが問題となってくる．複雑化すればするほど，全部を
取り上げることなどできないのだから何を取り上げるか（ということは何を取
り上げないか），というところに暗黙の内に結果の先取りをしている可能性が
あるということなのだ．あるいはひどい場合には暗黙の内にではなく，明白な
意図を持って結果から逆算するように数字を選択することも可能である．人々
をビックリさせたいなら悲観的な側面を強調するような結果を導出する数値を
用いることもできるし，安心させたいなら楽観的な側面を強調するような数値
を用いることもできる，ということである．このようなことは，いささか極端
な例ではあったが（2）の行列の数値を弄ることで結果が劇的に変わったこと
に象徴的に現れている．いずれにせよ，いかなるデータを，あるいはいかなる
数値を用いるかについての選択は基本的には経済学者の主観と意図による（先

---

[4] 特に，バブルについてはジョン・ケネス・ガルブレイスの『大暴落 1929』（日経 BP クラ
　　シック，2008），『新版 バブルの物語』（ダイヤモンド社，2008）がこの現象を詳細に振り
　　返っていて読み応えがある．一読を勧めたい．

回りして述べておくと，どういった経済学上のモデルを用いるかも経済学者の主観と意図による）[5].

かくて，データそのものは客観的ではあっても，そこから導かれる結論は，無色透明の客観そのものを装いつつも，あるいは数学的に自然で自動的に導出されたかに思われつつも，すでに論者の中に論じる前から内蔵されているものの現れにすぎない場合がある[6].

こうした事情は，ここに例示した例だけでなく，その経済学者がどのモデルを選択するかという，より根本的な場面でも決定的な重要性を持つ．いや，ここでこそ決定的に重要である．この選択は，非常に恣意的であるだけでなく，あらゆる意味においてイデオロギー的でもあるからだ．なんとなれば，自らのイデオロギー的な主張を数字と数式の背後に隠し，自らのイデオロギーを補強するために数学という言語を用いることも可能である．それは，ほとんど詐術に近いほどの悪質な循環論法なのだが，なかなか一般人がこのからくりに気が付くことは難しい．

イギリスの女性経済学者ジョーン・ロビンソン（1903–1983）は，「経済学を学ぶ目的は，経済学者にだまされないようにするためである[7]」とすら述べている．ロビンソンは経済学（経済学者）について述べているが，現代では，これを経営学（経営学者，経営コンサルタント）などにも広げて解釈すべきなのではないか，と筆者は穿（うが）っている．

本章の結びにこの言葉を紹介することで，読者諸君への問いかけとしたい．

---

5) 次章の脚注1（p.111）を参照のこと．

6) 同様の事態はじつは自然科学にも言えることである．もちろん自然科学の場合は，こうした恣意性が社会科学などより少ないのは事実である．しかし，基本的に理論は結論を規定するのであり，結論はじつは理論の中にはじめから埋め込まれているとすら言えるからである．だから極論すると，自然科学の（物理学の）方程式が解けるということは当たり前のことだ，とも言えるのである．──微分積分篇の第8章を参照のこと．

7) 正確には「経済学を学ぶ目的は，経済問題に対するおあつらえの対処法を得るためではなく，そうしたものを受け売りして語る経済学者にだまされないようにするためである（The purpose of studying economics is not to acquire a set of ready-made answers to economic questions, but to learn how to avoid being deceived by economists.）」である．

5-1　行列 $\begin{pmatrix} 1 & 2 \\ -2 & -1 \end{pmatrix}$ による変換 f を考える.

（1）f によって点 $(1, 2)$ はどこに変換されるか（移されるか）.

（2）f によって点 $(-2, 1)$ はどこに変換されるか（移されるか）.

5-2　ベクトル $\begin{pmatrix} 1 \\ -2 \end{pmatrix}$ に対して,

（1）原点を中心に角度 $\dfrac{5}{6}\pi$ の回転を施したい. この回転行列を求めよ.

（2）（1）で求めた回転行列を用いて与えられたベクトルを回転させよ.

（3）与えられたベクトルを原点を中心に角度 $\dfrac{13}{12}\pi$ の回転をさせよ.（ヒント $\dfrac{13}{12}\pi = \dfrac{5}{6}\pi + \dfrac{1}{4}\pi$ なので, 角度 $\dfrac{13}{12}\pi$ 回転とは, 角度 $\dfrac{5}{6}\pi$ 回転させてから角度 $\dfrac{1}{4}\pi$ 回転させることに等しいことを利用せよ.）

5-3　本文中では三角関数の加法定理を用いて回転行列を導いたが, 今度は, 角度 θ の回転行列が $R(\theta) = \begin{pmatrix} \cos\theta & -\sin\theta \\ \sin\theta & \cos\theta \end{pmatrix}$ であることから三角関数の加法定理を確認せよ. ——なお, 気が付いていると思うが, これが循環論法になっていることは無視されたし.

5-4　$\begin{pmatrix} \cos\theta & -\sin\theta \\ \sin\theta & \cos\theta \end{pmatrix}^n = \begin{pmatrix} \cos(n\theta) & -\sin(n\theta) \\ \sin(n\theta) & \cos(n\theta) \end{pmatrix}$ を以下の方法で確認せよ.

（1）幾何学的に考えることで, 上記の通りになることを確認せよ.

（2）オイラーの公式 $e^{i\theta} = \cos\theta + i\sin\theta$ ならば, $(\cos\theta + i\sin\theta)^n = \cos(n\theta) + i\sin(n\theta)$ であることを用いて確認せよ.

5-5　x–y–z 座標の 3 次元空間での回転について考える.

（1）x 軸, y 軸, z 軸をそれぞれ回転軸にして 3 次元ベクトル $\boldsymbol{r} = \begin{pmatrix} x \\ y \\ z \end{pmatrix}$ を角度 θ 回転させる 3 行 3 列の回転行列をそれぞれ求めよ.

（2）ルービックキューブ（正六面体のパズル）の操作が先後で交換しない（A の操作をしてから B の操作をした場合と B の操作をしてから A の操作をした場合で結果が異なる）ことを上記の回転行列を用いて確認せよ.

5-6　以下の複素数の計算を行え.

（1）$(2 + i)(1 + 3i)$　　（2）$(1 + 4i)(-1 + 3i)$　　（3）$\dfrac{2 + 3i}{1 - 2i}$　　（4）$\dfrac{1 - \sqrt{5}i}{2 + i}$

(5) $\left(\dfrac{2 - \sqrt{3}i}{i} \right) \left(1 + \sqrt{5}i \right)$

5-7 複素数 $z = \dfrac{1}{3} + \dfrac{\sqrt{3}}{3}i$ を複素数 $w = a + bi$ に掛けることを考える.

(1) 複素数 $z = \dfrac{1}{3} + \dfrac{\sqrt{3}}{3}i$ を乗じることは，ベクトル（複素平面でのベクトル）の長さを何倍し，原点を中心にどういう角度の回転をさせる変換に相当するかを述べよ.

(2) 複素数 $w = \dfrac{3}{2} + \dfrac{3\sqrt{3}}{2}i$ に実際に複素数 $z = \dfrac{1}{3} + \dfrac{\sqrt{3}}{3}i$ を掛けてみて，（1）で述べた通りになることを確かめよ.

5-8 複素数 $z = -\dfrac{1}{\sqrt{2}} + \dfrac{1}{\sqrt{2}}i$ について，

(1) 複素数 $z = -\dfrac{1}{\sqrt{2}} + \dfrac{1}{\sqrt{2}}i$ を $z = re^{i\theta}$ の形で書け. ただし，角度は実軸から反時計回りを正として $0 \leqq \theta < 2\pi$ とせよ.

(2) 複素数 $w = -1 - i$ に複素数 $z = -\dfrac{1}{\sqrt{2}} + \dfrac{1}{\sqrt{2}}i$ を掛けることが，$w = -1 - i$ の長さを r 倍して，原点を中心に角度 θ の回転を行うことに相当することを確認せよ（ここで r と θ は（1）で求めた r と θ である）.

5-9 本問は，計算が非常に面倒であるが，非常に劇的な結果を示すので，あえて掲載した. 計算は，エクセルなどの計算ソフトで行ってほしい.

いま，ある商品市場で A, B, C の 3 社が競合しているとする. これらの商品はおおよそ 5 年で買い換えが生じることが知られており現時点での買い換えのパターンは以下の通りである.

A 社の商品をもっている人のうち A 社への買い換えは 70%, B 社への買い換えは 20%, C 社への買い換えは 10% である.

B 社の商品をもっている人のうち B 社への買い換えは 60%, A 社への買い換えは 30%, C 社への買い換えは 10% である.

C 社の商品をもっている人のうち C 社への買い換えは 50%, A 社への買い換えは 40%, B 社への買い換えは 10% である.

(1) 買い換え前のシェアを x_a, x_b, x_c とし，買い換え後のシェアを X_a, X_b, X_c とすると，5 年後の X_a, X_b, X_c を表す方程式を作れ.

(2) この条件の場合，10 年後，あるいはさらに後の 3 社のシェアはどうなってゆくかを予測せよ.

5-10 いま，都市部の人口が 1000 万人，農村部の人口が 1000 万人という国があったとしよう. この国は，現在，急速に近代化が進んでおり，人口が都市部に集中してゆく傾向に悩まされているとしよう. そこで，政府がここ 10 年間の人口の移動についての統計を調べてみると，以下のことが判明した.

　ここ数年来の1年間隔のデータでは，都市部から移動しない人口の割合は90%で，都市部の10%の人口は農村部へと移動していた．一方，農村部から都市部への人口の移動割合は30%で，残り70%の人々は農村部に留まっていた．

　この場合，3年後にこの国の人口分布はどのようになると予想されるだろうか．

　これまた，適宜，電卓や計算用のソフトなどを利用されたし．

5-11

（1）本章の第4節（4）で，人口動態についての議論を行ったが，その際に使用した行列について，どこをどう変化させれば人口は減らないか，あるいは増えるか，あるいはまた減るかということについて考えてみよ．また，その際の政策などについてもどう提言すべきかを考えてみよ．ちなみに，便宜のために先に使用した数列をここにも掲載しておく．

$$\begin{pmatrix} 0.2 & 0.6 & 0.2 & 0 & 0 \\ 0.9 & 0 & 0 & 0 & 0 \\ 0 & 0.8 & 0 & 0 & 0 \\ 0 & 0 & 0.7 & 0 & 0 \\ 0 & 0 & 0 & 0.6 & 0 \end{pmatrix}$$

（2）本文中では男性の人口動態の見積もり方を述べなかったが，女性と同じように20年刻みで人口の推移を見積もることにすると行列はどのようなものになるかを考えよ．

固有値・固有ベクトル

　本章では，いわゆる固有値・固有ベクトルなる概念とそれに関連する諸々の概念と手法を学ぶ．固有ベクトルとは，一言で言ってしまえば，ちょっと変わり者のベクトルで，行列による変換を受けても動じないベクトルである．本章は，そうした変わり者のベクトルに関するお話で，どう動じないのか，ということがポイントである．で，固有値は，この変わり者のベクトルの長さに纏わる値である．

　「なんだ，じゃあ第5章のベクトル変換と変わりないじゃないか」と思うかもしれない．事実，概念的にはベクトル変換の範疇に含まれるのだが，この動じないベクトル—固有ベクトル—なるものは，変わり者だけあって，なかなか特徴的であったり，利用価値が高かったりする，重要なトリックスターである．

　ともあれ，まずはこの変わり者のイメージを惹起することから本章を始めようではないか‥‥．

1.　固有ベクトルをイメージする

　第5章までで学んだベクトル変換とは，要するには，あるベクトルに行列を作用させると，そのベクトルが向きを変える，そして長さを変える，ということであった．この中には，向きも長さも変えない，という場合ももちろんすべて含まれているのだが，本章では，取り立ててそうした変換の中から，以下の2つのケースを取り上げる．

① 向きを変えない（ただし長さは変わってもいい）

② 向きが正反対になる（ただし長さは変わってもいい）

この両者を固有ベクトルと称する．何に固有なのかと言えば，その変換をするところの行列に固有である，という意味である．これを図示すると以下のようなイメージである．

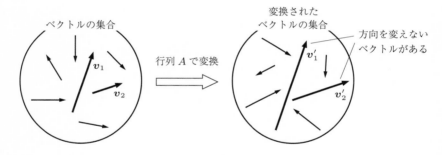

方向を変えないベクトルが固有ベクトルである！
（ただし，向きは反平行（逆向き）になってもよい．）

図6.1

　ほとんどのベクトルは行列 A に反応して向きを変えてしまっている．しかし，図中の2つのベクトル v_1 と v_2 だけは変換されても v_1' と v_2' となるだけで元のベクトルと平行である．つまり，両者は，$Av = v'$ であり，$v // v'$ と両者が平行なのであってみれば，$v' = \lambda v$ なのだから（λ は定数），結局，$Av = \lambda v$ と表記することができる．ここで，v を行列 A の固有ベクトル，λ を固有値と称する．——これが固有値と固有ベクトルの定義である．

　なお，この図は，2行2列の行列に関して特に妥当するように描かれている．

3 行 3 列の場合は，基本的に動じないベクトルは 3 つ，4 行 4 列なら 4 つ…，
となっている．もっとも，重解をもつ場合は，2 行 2 列でも 1 つの場合があり
得る（3 行 3 列ならば 2 つの場合もあるし，1 つの場合もある．4 行 4 列なら 1
つ，2 つ，3 つ，4 つの場合が考えられる…）．ここでなぜ重解という概念が
出てくるかは，以下で徐々に了解されてくるであろう．

　さて，ともあれ，このイメージは非常に重要である．このイメージが本章で
述べることのすべてを物語っているとすら言える．なんとなれば，これから論
じる以下のことをすべて忘却してしまっても，このイメージさえ定着していれ
ば，以下は自力で推測したり必要な時に導出したりしてくることさえできる類
のものだからである．――数学とはそういうものであり，大元さえ理解していれ
ば細かいことや各論などは忘れてしまってもなんとかなるものである．ここで
は，そういうことも会得してほしい．

2.　固有値と固有ベクトルを求める

　本節で詳述する内容は，理解してしまえば単純なことなのだが，筆者の経験
上，しっくりくるまでにちょっと時間のかかる者もいるようである．したがっ
て，具体論と一般論を適宜，交互に展開する．

　さて，考察すべきは，前節から

$$Av = \lambda v$$

なのだから，単位行列を E とすると，

$$Av = \lambda E v$$

である．したがって，

$$(A - \lambda E)\, v = 0$$

と左辺に移項できる．よって，固有値と固有ベクトルを求めるには，$(A - \lambda E)\, v =$
0 となる v と λ を求めればよい．言い換えれば固有値問題とは，かかる v と λ

を求めることである．ただし，以下の具体論でも述べるが，$\boldsymbol{v} \neq \boldsymbol{0}$ である．

以上を踏まえて，ここでひとまず具体論に入ろう．

いま，行列 A が，$A = \begin{pmatrix} 4 & 3 \\ 2 & 3 \end{pmatrix}$ で，$\boldsymbol{v} = \begin{pmatrix} x \\ y \end{pmatrix}$ あったとすると，考えるべき方程式は，

$$\begin{pmatrix} 4 & 3 \\ 2 & 3 \end{pmatrix} \begin{pmatrix} x \\ y \end{pmatrix} = \lambda \begin{pmatrix} x \\ y \end{pmatrix}$$

である．上で展開した一般論をなぞると，単位行列 $E = \begin{pmatrix} 1 & 0 \\ 0 & 1 \end{pmatrix}$ を用いて，上式は，

$$\begin{pmatrix} 4 & 3 \\ 2 & 3 \end{pmatrix} \begin{pmatrix} x \\ y \end{pmatrix} = \lambda \begin{pmatrix} 1 & 0 \\ 0 & 1 \end{pmatrix} \begin{pmatrix} x \\ y \end{pmatrix}$$

となり，

$$\left\{ \begin{pmatrix} 4 & 3 \\ 2 & 3 \end{pmatrix} - \lambda \begin{pmatrix} 1 & 0 \\ 0 & 1 \end{pmatrix} \right\} \begin{pmatrix} x \\ y \end{pmatrix} = \begin{pmatrix} 0 \\ 0 \end{pmatrix}$$

となって，

$$A - \lambda E = \begin{pmatrix} 4 & 3 \\ 2 & 3 \end{pmatrix} - \lambda \begin{pmatrix} 1 & 0 \\ 0 & 1 \end{pmatrix} = \begin{pmatrix} 4 - \lambda & 3 \\ 2 & 3 - \lambda \end{pmatrix}$$

である．したがって与式は，

$$\begin{pmatrix} 4 - \lambda & 3 \\ 2 & 3 - \lambda \end{pmatrix} \begin{pmatrix} x \\ y \end{pmatrix} = \begin{pmatrix} 0 \\ 0 \end{pmatrix}$$

ということである．さらに，これを連立方程式の形に戻してみると，

$$\begin{cases} (4 - \lambda)\,x + 3y = 0 \\ 2x + (3 - \lambda)\,y = 0 \end{cases}$$

ということでもある．——ということは，よくわからなくなったらこれを解けばい

い，… のではあるが，ここで重要なことは，見出したい x, y は，$\begin{pmatrix} x \\ y \end{pmatrix} \neq \begin{pmatrix} 0 \\ 0 \end{pmatrix}$

だということである．なぜならば，x と y の両者が共に 0 ならば，行列がどのような数字から作られていても最初の要請を満たしてしまい，λ に関しては無限に存在することになって意味がないからである．

　では，$\begin{pmatrix} x \\ y \end{pmatrix} \neq \begin{pmatrix} 0 \\ 0 \end{pmatrix}$ という条件をどう考えればよいのだろうか？　迂遠ではあるがここで再度，一般論に戻り，原理原則から考えてみよう．とにかくいったん，上記の具体例から離れて一般的に，$B\boldsymbol{b} = \boldsymbol{0}$ の場合を考えてみるのだ（$B = A - \lambda E$, $\boldsymbol{b} = \boldsymbol{v}$ とすれば最初に展開してきた一般論である）．ここで，B は n 次の正方行列，$\boldsymbol{b}$ は n 次のベクトルである．この場合，B が逆行列を持っていれば（つまり正則であれば），両辺に B^{-1} を掛けることで，$\boldsymbol{b}$ を解くことができて，$B^{-1}B\boldsymbol{b} = B^{-1}\boldsymbol{0}$，したがって，$\boldsymbol{b} = \boldsymbol{0}$ である．すなわち，設定された条件に反する結果となる（設定されている条件は $\boldsymbol{b} \neq \boldsymbol{0}$ である）．ということは，こうした逆行列による展開がなしえない場合が考察している対象の場合である，ということになる．つまり，B が逆行列を持たないような場合である．B が逆行列を持たない場合とは，B の行列式が 0 となるような場合，すなわち，$|B| = 0$ である．――ここはキーポイントなのでしつこく言い換えれば，方程式 $B\boldsymbol{b} = \boldsymbol{0}$ に $\boldsymbol{b} = \boldsymbol{0}$ ではない解を持たせようとしたら，B が正則であってはならない（逆行列を有していてはならない，すなわち B の行列式がイコール 0 となる），ということである．

　上記を踏まえて，展開してきた具体例に戻れば，かかる方程式が $\begin{pmatrix} x \\ y \end{pmatrix} \neq \begin{pmatrix} 0 \\ 0 \end{pmatrix}$

という条件下で解を有するには，行列 $\begin{pmatrix} 4 - \lambda & 3 \\ 2 & 3 - \lambda \end{pmatrix}$ が非正則でなくてはならない（逆行列を有しない）ということになる．すなわち，

$$\begin{vmatrix} 4 - \lambda & 3 \\ 2 & 3 - \lambda \end{vmatrix} = (4 - \lambda)(3 - \lambda) - 6 = 0$$

つまり，当該の行列の行列式が 0 である．したがって，

$$\lambda^2 - 7\lambda + 6 = 0 \rightarrow (\lambda - 1)(\lambda - 6) = 0$$

となって，固有値は $\lambda = 1, 6$ である（ここで，重解になる場合がどのようなものか察しがついたであろう）．そして，これらに対応するベクトル（固有ベクトル）は，$\lambda = 1$ のときは，x と y が $x = -y$ という関係性にあるので，

$\begin{pmatrix} x \\ y \end{pmatrix} = t \begin{pmatrix} 1 \\ -1 \end{pmatrix}$（$t$ は 0 でない任意の定数）であり，一方，$\lambda = 6$ のときは，

x と y が $2x = 3y$ という関係性にあるので，$\begin{pmatrix} x \\ y \end{pmatrix} = s \begin{pmatrix} 3 \\ 2 \end{pmatrix}$（$s$ は 0 でない

任意の定数）である．

実際に $t = 1$，$s = 1$ として最初の方程式に入れた結果を記すと，それぞれ，

$$\begin{pmatrix} 4 & 3 \\ 2 & 3 \end{pmatrix} \begin{pmatrix} 1 \\ -1 \end{pmatrix} = \begin{pmatrix} 1 \\ -1 \end{pmatrix} \qquad \begin{pmatrix} 4 & 3 \\ 2 & 3 \end{pmatrix} \begin{pmatrix} 3 \\ 2 \end{pmatrix} = \begin{pmatrix} 18 \\ 12 \end{pmatrix} = 6 \begin{pmatrix} 3 \\ 2 \end{pmatrix}$$

である．いま，たまたま $t = 1$，$s = 1$ として計算を行ったが，確かにこの定数は任意であること，あるいは t, s とそのままにして計算してもなんら本質に影響を与えないこと，ましてやベクトルの向きが変わらないことも自明であろう．

　以上，具体論は簡単化するために 2 行 2 列で展開したが，これは 3 行 3 列であろうが 4 行 4 列であろうが，同様に成立すること，··· すなわち一般的に成立することは言うまでもない．

　本節で展開した論理は極めて重要である．よくよく熟読してしっかりと把握することに努めてほしい．また，ここで以下に挙げる問 6.1 を即座に行ってみるとよい．また，例題を参考にして，問 6.2 もすぐに行ってみるとよい．

問 6.1 実際，上記の事例について，$\begin{cases} (4 - \lambda)\,x + 3y = 0 \\ 2x + (3 - \lambda)\,y = 0 \end{cases}$ を算術的に解いてみよ

う．そして，確かに上記の論理が妥当しており，固有値と固有ベクトルが導出されることを確かめよ．

例題 6.1 行列 $\begin{pmatrix} 3 & 1 \\ 1 & 3 \end{pmatrix}$ の固有値と固有ベクトルを求めよ．

解答　固有値を λ として，$\begin{pmatrix} 3 & 1 \\ 1 & 3 \end{pmatrix}\begin{pmatrix} x \\ y \end{pmatrix} = \lambda \begin{pmatrix} x \\ y \end{pmatrix}$ となる λ と $\begin{pmatrix} x \\ y \end{pmatrix}$

を求めたい．ただし，$\begin{pmatrix} x \\ y \end{pmatrix} \neq \begin{pmatrix} 0 \\ 0 \end{pmatrix}$ である．

この場合，$\begin{pmatrix} 3 - \lambda & 1 \\ 1 & 3 - \lambda \end{pmatrix}\begin{pmatrix} x \\ y \end{pmatrix} = \begin{pmatrix} 0 \\ 0 \end{pmatrix}$ となるには，$\begin{vmatrix} 3 - \lambda & 1 \\ 1 & 3 - \lambda \end{vmatrix} = 0$

なのだから，$(3 - \lambda)(3 - \lambda) - 1 = 0$ より，固有値は，$\lambda = 2, 4$ である．対応す

る固有ベクトルは，$\lambda = 2$ のときに，$x = -y$ となるので，$\begin{pmatrix} x \\ y \end{pmatrix} = t \begin{pmatrix} 1 \\ -1 \end{pmatrix}$，

$\lambda = 4$ のときに，$x = y$ となるので，$\begin{pmatrix} x \\ y \end{pmatrix} = s \begin{pmatrix} 1 \\ 1 \end{pmatrix}$ である．ただし，t と s

は 0 でない任意の定数．

問 6.2 以下の行列の固有値と固有ベクトルを求めよ．

(1) $\begin{pmatrix} 2 & 1 \\ 2 & 3 \end{pmatrix}$　(2) $\begin{pmatrix} 8 & 4 \\ 2 & 6 \end{pmatrix}$

3.　複素拡張

　ここでは，前節の内容を複素数にまで拡張してみよう.

　固有ベクトルとは結局のところ，行列による変換に対して動じない（向きを変えない）ベクトルであった. ということは，ちょっと考えてみると，絶対的に向きを変える回転行列には固有ベクトルは存在しない，ということになり，それに伴って固有値も存在しないことになるのではないか，と思ってしまう（もちろん，厳密には回転角度 0 の回転行列と回転角度 π の回転行列はこの限りではないのだが $\cdots$）. ところが，対象を複素数にまで拡張するとそんな単純な話ではないことがわかってくる.

　しかし，そもそも上記までで，結局のところ固有値を求めるためには 2 行 2 列の行列ならば 2 次方程式を，3 行 3 列の行列ならば 3 次方程式を解かねばならず，その解に行列の数値によっては必然的に虚数解が入り込んでくることは充分に予測しえることであるから，結果として固有値も固有ベクトルも複素数になることはあり得ると察しのいい読者なら感じたことであろう. あたかも，2 行 2 列の行列について考えていたら，平面であるにもかかわらず，いきなり異次元の世界が現れたような不思議な感覚ではあろうが，原理原則に従うかぎり，これはあくまで必然的な帰結ではある.

　そこで，実際に，絶対的にベクトルの向きを変えてしまう代表的な回転行列の固有値と固有ベクトルを導くことで，固有値・固有ベクトルという概念が複素数にまで拡張される様子を概観しよう.

　回転行列は，$R(\theta) = \begin{pmatrix} \cos\theta & -\sin\theta \\ \sin\theta & \cos\theta \end{pmatrix}$ であった. 簡単化のため，$\dfrac{\pi}{2}$ の回転を考えよう. すると，$R\left(\dfrac{\pi}{2}\right) = \begin{pmatrix} 0 & -1 \\ 1 & 0 \end{pmatrix}$ なのだから，この固有値と固有ベクトルをそれぞれ λ と $z = \begin{pmatrix} x \\ y \end{pmatrix}$ とすると，求めるべきは，

$$\begin{pmatrix} 0 & -1 \\ 1 & 0 \end{pmatrix} \begin{pmatrix} x \\ y \end{pmatrix} = \lambda \begin{pmatrix} x \\ y \end{pmatrix}$$

より,

$$\begin{pmatrix} -\lambda & -1 \\ 1 & -\lambda \end{pmatrix} \begin{pmatrix} x \\ y \end{pmatrix} = \begin{pmatrix} 0 \\ 0 \end{pmatrix}$$

なのだから,

$$\begin{vmatrix} -\lambda & -1 \\ 1 & -\lambda \end{vmatrix} = \lambda^2 + 1 = 0$$

より, 固有値は, $\lambda = \pm i$ となって虚数になる. ということはこれに伴って固有ベクトルは,

$$\lambda = i \text{ のとき, } z_+ = t \begin{pmatrix} 1 \\ i \end{pmatrix}$$

$$\lambda = -i \text{ のとき, } z_- = s \begin{pmatrix} 1 \\ -i \end{pmatrix}$$

とこれまた虚数が出てくることとなる. ここで, t, s は 0 でない任意の定数である.

　要領は, 実数で展開してきたことと同じなのでこの解説だけに留めるが, 以下の問題, および章末問題などでもう少し複雑な計算になる問題を提示しておくので, 確認に努めてほしい.

問 6.3

(1) 角度 $\dfrac{\pi}{4}$ 回転の行列の固有値と固有ベクトルを求めよ.

(2) 行列 $\begin{pmatrix} 1 & 1 \\ -4 & 1 \end{pmatrix}$ の固有値と固有ベクトルを求めよ.

(3) 行列 $\begin{pmatrix} 1 & 5 \\ -3 & 1 \end{pmatrix}$ の固有値と固有ベクトルを求めよ.

4. 社会科学上の応用

前節までで固有値と固有ベクトルについて概観したが，本節は，この概念を社会科学に応用する場合についてである．がしかし，こんなものをどうやって社会科学に応用するのであろうか？ 2つの事例を紹介しよう．

(1) 現状を外挿するという発想から

前章の第4節でも解説したことだが，今度は，固有値・固有ベクトルに関して現在の状態を外挿するという場合の応用についてである．もっとも，これを数学的に厳密に展開するには「ペロン＝フロベニウスの定理」なるものの理解が欠かせないのだが，これは本書のレベルも紙幅も大きく超えてしまう．したがってイメージを抱くための定性的な解説に留めることにする．読者にあってはちょっと背伸びをして固有値・固有ベクトルという知見がどのように利用されるかのイメージを創り上げることに努めてほしい．

現在の状態を将来にわたって外挿するという発想は，前章でたびたび紹介してきたものである．この場合も例外ではなく，現在の状態を記述するものであるところの，たとえば産業連関表から作られる投入行列をもとにして将来を予測する場合である．

いま，産業連関表から作られた投入行列 A があったとして，v を生産物の量からなるベクトル，λ を固有値として，$Av = \lambda v$ なる関係があったとしよう（p.90 を参照）．この場合，現状が行列 A の状態のままなら，指標は λ 倍になると予想される．ただしこの場合，λ は正に限られており，その数学的な妥当性がペロン＝フロベニウスの定理から担保されるという論理構造となっている．ちなみに，正の λ の内で最大のものをフロベニウス根と称する場合がある．

これは国家全体の経済成長を概算する場合にも，そしてまた特定の産業の成長を概算する場合にも使える．——たとえば λ が3ならば規模が3倍になる，ということである．そして，ここからが重要な洞察で，たとえば，○倍にしたいのであれば（○倍にするために），そうする方向で行列の数字をいじるのであ

る．で，「このように（数字が）改善されれば○倍になると予想される」という
ことから必要な諸々の政策が決定される．

　さらにこの手法は，特定の企業にも適用可能である．B 社の産業連関表を作
ればよい．これは，巨大企業でなくとも可能である．たとえば，B 社は C 社か
ら c をどれだけ仕入れて，D 社から d をどれだけ仕入れて・・・，とデータを重
ねてゆき，その結果，どれだけの製品を作ったか（あるいは売れたか or 利益
がでたか）を産業連関表に則して計算可能にすればよいのである．すると，原
理的に上で述べたことと同じように行列 *A* の状態から売り上げ（or 利益）が
何倍になるか，あるいは 2 倍に，3 倍にするにはどうすべきかを論じるたたき
台になる（あくまでたたき台にすぎないが…）．

　固有値・固有ベクトルは，おおよそ，上記のように使われる．繰り返すが，
ここに書かれた手法（発想）と固有値・固有ベクトルの概念をミックスしてイ
メージを創り上げてみてほしい．

　ただし，即座に付け加えて強調しなければならないことは，これらが（この
場合は行列 *A* であり，その固有値・固有ベクトルが）どこまでも 1 つの判断材
料にすぎない，ということである．前記したことでもあるが（p.97），どれだけ
データを精緻に集めてみても，どれだけデータの数字を駆使しようとも，未来
は確定できない．さらには，データをどのように使用したか，さらに重要なこ
とは，どのデータを使用してどのデータを使用しないかはもっぱらこちら側の
判断であり，使用する特定の経済モデルや前提に起因している場合も多々あっ
て，ここに意識的であれ無意識的であれなんらかの意図が入り込むということ
である[1]．この意図こそが事態の本質があって，結局のところ，その数値を用

---

[1] グローバル経済のトリレンマを唱えた経済学者ダニ・ロドリックは，（柴山桂太・大川良文
訳）『エコノミクス・ルール 憂鬱な科学の功罪』（白水社，2018）の中で現状にとって，あ
るいは直面する経済問題にとってどの経済モデルを選択して分析に供するのがベストである
かを考えることこそが経済学者の使命であると述べている．
　なお，グローバル経済のトリレンマとは，高度なグローバリズム，民主主義，主権国家の
3 つが同時に満たされることはない，というものである．これらは同時に 2 つしか満たされ
ず，どれかを犠牲にせざるをえない，というのである．——（柴山桂太・大川良文訳）『ダニ・

いてその経済モデルを用いるということのただ中に結論がすでにインプリケートされているのだ，ということである．つまり，悪くするとほとんど循環論法すれすれの状態にあるのだ，ということである．ここはよくよく注意しなければならないポイントである．

(2) ブランド・ロイヤリティとマルコフ推移過程

われわれは，第 5 章の第 4 節でシェアの推移過程を見た．ここでは，先に予告しておいた通りにその続きを解説しよう．

仮設されていたのは A 社と B 社のシェアでそれぞれの顧客が 1 年ごとに買い換えを行うとして，「A 社の製品から A 社の製品へと買い換える人は 70%，A 社から B 社へ切り替えてしまう人は 30%，B 社から B 社への買い換えは 60%，B 社から A 社への切り替えは 40% であったとしよう」ということであった．この際，1 年後の顧客数 $\begin{pmatrix} a' \\ b' \end{pmatrix}$ は，現在の顧客数を $\begin{pmatrix} a \\ b \end{pmatrix}$ とすると，

$$\begin{pmatrix} a' \\ b' \end{pmatrix} = \begin{pmatrix} 0.7 & 0.4 \\ 0.3 & 0.6 \end{pmatrix} \begin{pmatrix} a \\ b \end{pmatrix}$$ と書かれ，この過程を延々と繰り返してゆくと

（最初の設定がずっと続くならば），事態を記述する行列は，

$$\lim_{n \to \infty} \begin{pmatrix} 0.7 & 0.4 \\ 0.3 & 0.6 \end{pmatrix}^n = \frac{1}{7} \begin{pmatrix} 4 & 4 \\ 3 & 3 \end{pmatrix}$$

と収束し，顧客のシェアである初状態のベクトル $\begin{pmatrix} 1 \\ 1 \end{pmatrix}$ が，終状態のベクトル $\frac{1}{7} \begin{pmatrix} 8 \\ 6 \end{pmatrix}$ へと漸近的に近づくということであった．そして，重要なことは，

ロドリック：グローバリゼーション・パラドクス：世界経済の未来を決める三つの道』（白水社，2013）——ちなみに，私が最近言っているのは，少子化，経済成長，エネルギー問題のトリレンマである．原理的にどれかひとつを犠牲にしないと残り 2 つによい方策が見い出せそうにない．

なお，ロドリックの結論は，グローバリズムをある程度の段階に留めて，民主主義と主権国家を堅持するという選択がベストなのではないか，というもので，筆者も同感である．さて，読者諸君はどう考えるだろうか？

シェアの比が最初の比の如何に関わらず結局のところ 4 : 3 に落ち着く（収束する）ということであった.

　さて, ここでもう 1 つ注目すべきは, 充分に年月が経過した後に, 収束した終状態のベクトル $\dfrac{1}{7}\begin{pmatrix}8\\6\end{pmatrix}$ は, 最終的な行列 $\dfrac{1}{7}\begin{pmatrix}4&4\\3&3\end{pmatrix}$ の固有値 1 に対応する固有ベクトルだということである[2]. これもまた刮目すべき結果である（数学的に面白い結果と述べた方が本当はいいのであろう）. いかなるシェアを設定してスタートしても, 終状態の行列の固有値 1 に対応する固有ベクトルに落ち着くのである. これは, この設定にのみ特別なことではなく, こうした設定を行った場合の全般において必ず生じることである（章末問題を参照のこと）.

　以上をまとめておこう. 以下である.

$$\lim_{n\to\infty}\begin{pmatrix}0.7&0.4\\0.3&0.6\end{pmatrix}^{n}\begin{pmatrix}1\\1\end{pmatrix}=\frac{1}{7}\begin{pmatrix}4&4\\3&3\end{pmatrix}\begin{pmatrix}1\\1\end{pmatrix}=\frac{1}{7}\begin{pmatrix}8\\6\end{pmatrix}$$

となって, 終状態のベクトル $\dfrac{1}{7}\begin{pmatrix}8\\6\end{pmatrix}$ は終状態の行列 $\dfrac{1}{7}\begin{pmatrix}4&4\\3&3\end{pmatrix}$ の固有ベクトルへと落ち着くのである.

　これのさらなる詳細は, 次節の対角化の節で行う. いくらか難解と思われるかもしれないが, 論理の筋を追いかけてみてほしい.

5.　行列の対角化

　ここでは行列の対角化について述べよう. 対角化とは, 以下のように対角要素以外のものを 0 とする一連の数学的操作のことである.

---

[2] 実際に計算を行ってみると, 確かに $\dfrac{1}{7}\begin{pmatrix}4&4\\3&3\end{pmatrix}\begin{pmatrix}8/7\\6/7\end{pmatrix}=\begin{pmatrix}8/7\\6/7\end{pmatrix}$ である！　で, 固有値は 1 である.

$$\begin{pmatrix} a_{11} & a_{12} & a_{13} \\ a_{21} & a_{22} & a_{23} \\ a_{31} & a_{32} & a_{33} \end{pmatrix} \xrightarrow{\text{対角化}} \begin{pmatrix} \alpha & 0 & 0 \\ 0 & \beta & 0 \\ 0 & 0 & \gamma \end{pmatrix}$$

何故にこのようなことをするかというと，とにもかくにも計算の便宜のためである（行列の計算ほど計算ミスするものはない！　筆者だけか？）．

　たとえば，行列の n 乗などという計算は当該の行列が対角化できればいとも簡単である．なぜならば，

$$\begin{pmatrix} \alpha & 0 & 0 \\ 0 & \beta & 0 \\ 0 & 0 & \gamma \end{pmatrix}^n = \begin{pmatrix} \alpha^n & 0 & 0 \\ 0 & \beta^n & 0 \\ 0 & 0 & \gamma^n \end{pmatrix}$$

だからである．まだ全体像が見えないのでピンと来ないかもしれないが，とりあえずは以上を頭の片隅に入れつつ以下を読み進めてほしい．大元の行列 $\begin{pmatrix} a_{11} & a_{12} & a_{13} \\ a_{21} & a_{22} & a_{23} \\ a_{31} & a_{32} & a_{33} \end{pmatrix}$ の n 乗を簡単に計算する道筋が見えてくる．

　なお，本節では対角化可能・不可能，また何故にそのような方法で対角化可能なのか，ということについては，論じない．これらは本書のレベルをかなり超越してしまうので，以下は，いくらか天下り的にならざるをえないが，重要な手法として会得しておくとよい．

　行列 A は，その固有ベクトルから作られた正則な行列 P を用いて，$P^{-1}AP$ とすることで対角化できる場合がある（できない場合もあるがこれは本書では言及しない）．ここで，P^{-1} は P の逆行列である．

　固有ベクトルから作られた行列がどんなものかはひとまず後回しにしておき，さらに対角化可能であるとすれば，以下のようにすることができるということである．

$$P^{-1}AP = \begin{pmatrix} \alpha & 0 & 0 \\ 0 & \beta & 0 \\ 0 & 0 & \gamma \end{pmatrix}$$

もちろん，ここではたまたま3行3列で書いているが，行列 A が対角化可能なのであれば，これは一般的に成り立つことである．

さて，この場合，両辺を n 乗すると，

$$(P^{-1}AP)^n = \begin{pmatrix} \alpha^n & 0 & 0 \\ 0 & \beta^n & 0 \\ 0 & 0 & \gamma^n \end{pmatrix}$$

である．で，左辺の n 乗を露わに書いてみると，

$$P^{-1}APP^{-1}APP^{-1}APP^{-1}AP \cdots \cdots P^{-1}AP = \begin{pmatrix} \alpha^n & 0 & 0 \\ 0 & \beta^n & 0 \\ 0 & 0 & \gamma^n \end{pmatrix}$$

なのだから，$PP^{-1} = E$ であることを用いると，左辺の左右から挟み込んでいる P^{-1} と P が1つずつ残るだけで，左辺は，$P^{-1}A^nP$ となり，すなわち，

$$P^{-1}A^nP = \begin{pmatrix} \alpha^n & 0 & 0 \\ 0 & \beta^n & 0 \\ 0 & 0 & \gamma^n \end{pmatrix}$$

である．ということは，今度は，両辺に左から P，右から P^{-1} を掛けてやれば，

$$PP^{-1}A^nPP^{-1} = A^n = P\begin{pmatrix} \alpha^n & 0 & 0 \\ 0 & \beta^n & 0 \\ 0 & 0 & \gamma^n \end{pmatrix}P^{-1}$$

となって，A^n をいとも簡単に計算できるようになる．

以上で対角化の道具立ては基本的にすべて出そろった．そこで，実際に簡単な行列を対角化してみることで，先に後回しにしておいた，「固有ベクトルから作られた行列 P」なるものに関しても具体例に則して示すこととする．

行列 $A = \begin{pmatrix} 5 & 2 \\ 1 & 4 \end{pmatrix}$ を n 乗することを考えよう.

そのために, まずは, 固有値と固有ベクトルを求める. すると, $\begin{vmatrix} 5-\lambda & 2 \\ 1 & 4-\lambda \end{vmatrix}$

$= 0$ より, 固有値は $\lambda = 3, 6$ である. 固有ベクトルの1つは,

$$\lambda = 3 \text{ のとき,} \quad \begin{pmatrix} x \\ y \end{pmatrix}_{\lambda=3} = \begin{pmatrix} 1 \\ -1 \end{pmatrix}$$

$$\lambda = 6 \text{ のとき,} \quad \begin{pmatrix} x \\ y \end{pmatrix}_{\lambda=6} = \begin{pmatrix} 2 \\ 1 \end{pmatrix}$$

である. ここで, 件の行列 P を上記の固有ベクトルを2つ縦に並べることで作るのである. つまり,

$$P = \begin{pmatrix} 1 & 2 \\ -1 & 1 \end{pmatrix} \quad \rightarrow \quad \text{逆行列は,} \quad P^{-1} = \frac{1}{3} \begin{pmatrix} 1 & -2 \\ 1 & 1 \end{pmatrix}$$

したがって, 先に与えられた処方箋に従うと $P^{-1}AP$ が対角行列になるはずである. 実際に計算してみると,

$$P^{-1}AP = \frac{1}{3} \begin{pmatrix} 1 & -2 \\ 1 & 1 \end{pmatrix} \begin{pmatrix} 5 & 2 \\ 1 & 4 \end{pmatrix} \begin{pmatrix} 1 & 2 \\ -1 & 1 \end{pmatrix} = \begin{pmatrix} 3 & 0 \\ 0 & 6 \end{pmatrix}$$

となって確かに対角化された.

ということは,

$$(P^{-1}AP)^n = P^{-1}APP^{-1}APP^{-1}AP \cdots \cdots P^{-1}AP = \begin{pmatrix} 3 & 0 \\ 0 & 6 \end{pmatrix}^n$$

より,

$$P^{-1}A^nP = \begin{pmatrix} 3^n & 0 \\ 0 & 6^n \end{pmatrix}$$

なのだから, 両辺に左側から P, 右側から P^{-1} を掛けると,

$$PP^{-1}A^nPP^{-1} = A^n = P\begin{pmatrix} 3^n & 0 \\ 0 & 6^n \end{pmatrix}P^{-1}$$

したがって,

$$A^n = \begin{pmatrix} 1 & 2 \\ -1 & 1 \end{pmatrix}\begin{pmatrix} 3^n & 0 \\ 0 & 6^n \end{pmatrix}\left\{\frac{1}{3}\begin{pmatrix} 1 & -2 \\ 1 & 1 \end{pmatrix}\right\}$$

$$= \frac{1}{3}\begin{pmatrix} 3^n + 2\cdot 6^n & -2\cdot 3^n + 2\cdot 6^n \\ -3^n + 6^n & 2\cdot 3^n + 6^n \end{pmatrix}$$

$$= \begin{pmatrix} 3^{n-1} + 4\cdot 6^{n-1} & -2\cdot 3^{n-1} + 4\cdot 6^{n-1} \\ -3^{n-1} + 2\cdot 6^{n-1} & 2\cdot 3^{n-1} + 2\cdot 6^{n-1} \end{pmatrix}$$

となる.

キーポイントは, 固有ベクトルを並べて正則行列 P を,

$$P = \left(\begin{pmatrix} x \\ y \end{pmatrix}_{\lambda=3} \quad \begin{pmatrix} x \\ y \end{pmatrix}_{\lambda=6}\right)$$として作ることである. これは

$$P = \left(\begin{pmatrix} x \\ y \end{pmatrix}_{\lambda=6} \quad \begin{pmatrix} x \\ y \end{pmatrix}_{\lambda=3}\right)$$とひっくり返しても同じように対角化できる
(これは各自で試みられたし).

さて, 以上から, 行列 $\begin{pmatrix} 0.7 & 0.4 \\ 0.3 & 0.6 \end{pmatrix}^n$ を求め, $n \to \infty$ とすることで,

$\dfrac{1}{7}\begin{pmatrix} 4 & 4 \\ 3 & 3 \end{pmatrix}$ となることを導出してみよう.

まずは, $\begin{pmatrix} 0.7 & 0.4 \\ 0.3 & 0.6 \end{pmatrix}$ の固有値と固有ベクトルを求める. すると, 固有値は $\lambda = $

$1, 0.3$ で, 固有ベクトルの 1 つは, それぞれ $\begin{pmatrix} x \\ y \end{pmatrix}_{\lambda=1} = \begin{pmatrix} 4 \\ 3 \end{pmatrix}, \begin{pmatrix} x \\ y \end{pmatrix}_{\lambda=0.3} = $

$\begin{pmatrix} 1 \\ -1 \end{pmatrix}$ なのだから, この両者から正則行列 $P = \begin{pmatrix} 4 & 1 \\ 3 & -1 \end{pmatrix}$ とする. すると,

$P^{-1} = \dfrac{1}{7} \begin{pmatrix} 1 & 1 \\ 3 & -4 \end{pmatrix}$ である．以上を用いて，$\begin{pmatrix} 0.7 & 0.4 \\ 0.3 & 0.6 \end{pmatrix}$ は以下のように対角化される．

$$\frac{1}{7} \begin{pmatrix} 1 & 1 \\ 3 & -4 \end{pmatrix} \begin{pmatrix} 0.7 & 0.4 \\ 0.3 & 0.6 \end{pmatrix} \begin{pmatrix} 4 & 1 \\ 3 & -1 \end{pmatrix} = \begin{pmatrix} 1 & 0 \\ 0 & 0.3 \end{pmatrix}$$

ということは，上記の処方箋に従って，

$$\begin{pmatrix} 0.7 & 0.4 \\ 0.3 & 0.6 \end{pmatrix}^n = \begin{pmatrix} 4 & 1 \\ 3 & -1 \end{pmatrix} \begin{pmatrix} 1^n & 0 \\ 0 & (0.3)^n \end{pmatrix} \left\{ \frac{1}{7} \begin{pmatrix} 1 & 1 \\ 3 & -4 \end{pmatrix} \right\}$$

$$= \frac{1}{7} \begin{pmatrix} 4 + 3(0.3)^n & 4 - 4(0.3)^n \\ 3 - 3(0.3)^n & 3 + 4(0.3)^n \end{pmatrix}$$

である．かくして，$n \to \infty$ とすることで，$\dfrac{1}{7} \begin{pmatrix} 4 & 4 \\ 3 & 3 \end{pmatrix}$ へと収束する（$\displaystyle\lim_{n \to \infty} (0.3)^n = 0$ であるので）．

以上が対角化の要諦である．論より証拠である．以下に幾つか問題を挙げておくので実際に自分の手でこの手続きを再現してみるとよい．

問 6.4 以下の行列を対角化せよ．

(1) $\begin{pmatrix} 5 & 2 \\ 1 & 4 \end{pmatrix}$ 　(2) $\begin{pmatrix} -1 & 4 \\ -2 & 5 \end{pmatrix}$

問 6.5

(1) $\begin{pmatrix} -2 & 2 \\ 3 & -1 \end{pmatrix}$ の n 乗を求めよ．　(2) $\begin{pmatrix} 4 & -3 \\ 2 & -1 \end{pmatrix}$ の n 乗を求めよ．

(3) $\begin{pmatrix} -3 & 2i \\ -2i & -1 \end{pmatrix}$ の固有値と固有ベクトルを求めよ．

問 6.6 行列 $\begin{pmatrix} 1 & 1 \\ 0 & \frac{1}{2} \end{pmatrix}$ について

(1) n 乗を求めよ．ただし上記してきた方法は使えない．どうする？
(2) (1) の結果について $n \to \infty$ を求めよ．

6-1　以下の行列の固有値・固有ベクトルを求めよ.

(1) $\begin{pmatrix} -6 & 3 \\ 3 & -6 \end{pmatrix}$　(2) $\begin{pmatrix} 1 & 3 \\ 4 & 2 \end{pmatrix}$　(3) $\begin{pmatrix} 0 & 3 \\ 2 & 1 \end{pmatrix}$　(4) $\begin{pmatrix} 1 & 3 \\ -2 & 1 \end{pmatrix}$

(5) $\begin{pmatrix} 3 & \sqrt{2}i \\ -\sqrt{2}i & 1 \end{pmatrix}$　(6) $\begin{pmatrix} 2 & -3 \\ 1 & 2 \end{pmatrix}$

6-2　行列 $A = \begin{pmatrix} 0.8 & 0.2 \\ 0.2 & 0.8 \end{pmatrix}$ について,

(1) 固有値と固有ベクトルを求めよ.
(2) 固有ベクトルからなる行列 P と P^{-1} を求めよ.
(3) $P^{-1}AP$ を求めることで行列 A を対角化せよ.
(4) A^n を求め, $\lim_{n \to \infty} A^n$ を求めよ.

6-3　行列 $A = \begin{pmatrix} 2 & -\sqrt{3}i \\ \sqrt{3}i & 0 \end{pmatrix}$ について,

(1) 固有値と固有ベクトルを求めよ.
(2) 固有ベクトルからなる行列 P と P^{-1} を求めよ.
(3) $P^{-1}AP$ を求めることで行列 A を対角化せよ.
(4) A^n を求めよ.

6-4　行列 $A = \begin{pmatrix} 2 & 5 \\ 6 & 3 \end{pmatrix}$ について,

(1) 固有値と固有ベクトルを求めよ.
(2) 固有ベクトルからなる行列 P と P^{-1} を求めよ.
(3) $P^{-1}AP$ を求めることで行列 A を対角化せよ.
(4) A^n を求めよ.

6-5　――≪難≫――

前章の練習問題の **5-10**（p.99）においては 3 年後の人口分布を考えたが, これは将来的に（つまり, 延々とこの状態が続いたら）どうなるだろうか.

6-6　回転行列 $\begin{pmatrix} \cos\theta & -\sin\theta \\ \sin\theta & \cos\theta \end{pmatrix}$ の固有値と固有ベクトルを求めよ. ただし, $0 \leqq \theta < 2\pi$ で $\theta \neq 0, \pi$ とする.

インターリュード—《間奏曲》—Ⅱ

1. 2次形式

　ここまで行列の演算を解釈する，あるいは演算の形式を学び，そこから個別の概念へと進展させるという観点からベクトルの変換まで進めてきたが，ここではさらにこの観点を推し進めてみよう.

　たとえば，$\begin{pmatrix} x & y \end{pmatrix} \begin{pmatrix} a & b \\ c & d \end{pmatrix} \begin{pmatrix} x \\ y \end{pmatrix}$ の計算を行ってみよう. すると，

$$\begin{pmatrix} x & y \end{pmatrix} \begin{pmatrix} a & b \\ c & d \end{pmatrix} \begin{pmatrix} x \\ y \end{pmatrix} = \begin{pmatrix} ax + cy & bx + dy \end{pmatrix} \begin{pmatrix} x \\ y \end{pmatrix}$$

$$= ax^2 + (c + b)xy + dy^2$$

となる. これを2次形式と称する.

　ということは，たとえば，円の方程式は，$a = d = \alpha, c = b = 0$ として，全体をイコール γ などとすれば，

$$\begin{pmatrix} x & y \end{pmatrix} \begin{pmatrix} \alpha & 0 \\ 0 & \alpha \end{pmatrix} \begin{pmatrix} x \\ y \end{pmatrix} = \gamma \quad \rightarrow \quad \alpha x^2 + \alpha y^2 = \gamma$$

として表現できる.

$$\begin{pmatrix} x & y \end{pmatrix} \begin{pmatrix} \alpha & 0 \\ 0 & \beta \end{pmatrix} \begin{pmatrix} x \\ y \end{pmatrix} = \gamma$$

ならば $\alpha x^2 + \beta y^2 = \gamma$ となって楕円の方程式である. —これで充分であろうが，念のため述べておくと，与式は $\frac{\alpha}{\gamma} x^2 + \frac{\beta}{\gamma} y^2 = 1$ であり，$\frac{1}{a^2} = \frac{\alpha}{\gamma}, \frac{1}{b^2} = \frac{\beta}{\gamma}$ とすると，楕円の方程式 $\frac{x^2}{a^2} + \frac{y^2}{b^2} = 1$ となる.

その他，色々と文字を変えて（あるいは実際に適当な数字を入れるなどの）実験をしてみて試してみるとよい．こうした表記方法の豊穣さ，そしてまた，数学という言語・論理体系がいかに堅牢でありながら広がりのあるものかということを体感することができるであろう．

2. 行列式と体積について再考する

第2章で行列式を，そしてまた第3章でその行列式がその行列を形作るベクトルがなす体積に相当するということを述べた．ここではもう少し踏み込んでベクトル変換という視点を加味して説明しておこう．特に，行列式が体積であるならば，行列式がマイナスになるとはどういうことなのか，ということについてである．

これは，端的に述べると，その行列によるベクトル変換の種類の相違による．簡単化のため，2行2列の行列で説明する（したがって以下は，[体積（2次元の体積）] = [面積] である）．すると，単位ベクトル e_x と e_y を変換するパターンとして以下のように2つに分類できる．

<1：体積が正となる行列 A の場合>

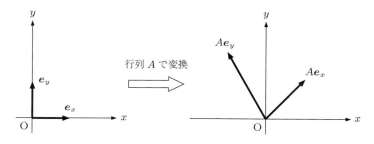

図 II.1

<2：体積が負となる行列 B の場合>

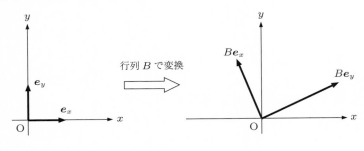

図 II.2

一目瞭然であろうが，いちおう，言葉で説明しておこう．行列 A と行列 B で変換される前は，単位ベクトル e_x, e_y は，e_x と e_y の回転の距離が，$e_x \rightarrow e_y$ と回転させる方が近かった．これを回転の方向といい，行列 A による変換ではこの回転の方向が保たれているが，行列 B による変換ではこの回転の方向が保たれていない（すなわち，$Be_x \rightarrow Be_y$ が時計まわりになっている）．この場合行列 A のような行列の行列式は正となり，行列 B のような行列式は負となる．つまり，言い替えると，回転の方向を保つ変換を表す行列の行列式は正であり，方向を逆向きにしてしまう行列の行列式は負となるのである．

　1つ例を示そう．以下である．

いま，$A = \begin{pmatrix} 1 & 1 \\ 1 & 2 \end{pmatrix}$, $B = \begin{pmatrix} 1 & 1 \\ 1 & -1 \end{pmatrix}$ としてみよう．まず，それぞれの行

列式の値は，$|A| = 1$, $|B| = -2$ である．それぞれで，ベクトル $e_x = \begin{pmatrix} 1 \\ 0 \end{pmatrix}$

と $e_y = \begin{pmatrix} 0 \\ 1 \end{pmatrix}$ を変換してみて結果を座標平面上に図示してみる．まず行列式

が正となった行列 A の場合は，

$$Ae_x = \begin{pmatrix} 1 & 1 \\ 1 & 2 \end{pmatrix}\begin{pmatrix} 1 \\ 0 \end{pmatrix} = \begin{pmatrix} 1 \\ 1 \end{pmatrix} \text{ および, } Ae_y = \begin{pmatrix} 1 & 1 \\ 1 & 2 \end{pmatrix}\begin{pmatrix} 0 \\ 1 \end{pmatrix} = \begin{pmatrix} 1 \\ 2 \end{pmatrix}$$

したがって，図 II.3 のようになる．

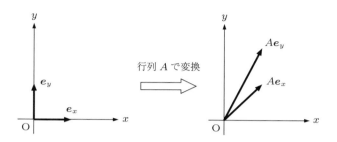

図 II.3

変換後も回転の方向は保たれていることは一目瞭然である．

一方，行列式が負となった行列 B については，

$$B\bm{e}_x = \begin{pmatrix} 1 & 1 \\ 1 & -1 \end{pmatrix}\begin{pmatrix} 1 \\ 0 \end{pmatrix} = \begin{pmatrix} 1 \\ 1 \end{pmatrix} \text{ および，} B\bm{e}_y = \begin{pmatrix} 1 & 1 \\ 1 & -1 \end{pmatrix}\begin{pmatrix} 0 \\ 1 \end{pmatrix} = \begin{pmatrix} 1 \\ -1 \end{pmatrix}$$

したがって，これを図示すると，図 II.4 のようになる．

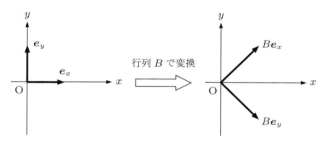

図 II.4

これもまた，一目瞭然で確かに方向が逆転している．

このように方向を保つことができる行列は確かに行列式が正となる（保てなければ負となる）ことの一般的な表現は本章の章末問題で研究してほしい．

では，これが 3 次元 x-y-z についてならどうなるのだろうか？　x-z，y-z と

z 軸を含む平面については回転の方向を保っていても x-y で方向が保てなければ行列式は負となり，ここでも方向を保てれば正となる．その他，x-z と x-y では方向を保てず，y-z で方向が保てればトータルで行列式は正となる，ということである．——引き続きの詳細もまた，意欲的な読者の研究課題にしておこうと思うので本章の練習問題を参照してほしい．

3.　ひっくり返った，あっち側のベクトル変換

　本書のスタイルは，基本的に上記もした通りに計算の規則からその意味を解釈するように進んできた．これまで触れなかった計算の規則の解釈は，上記の2次形式と本節で詳述する「ひっくり返った，あっち側のベクトル変換」である．といってもこんな数学用語があるわけがない．筆者が勝手気ままに本稿を書きながら名付けた名称である．

　まあ，御託を並べるより，ここでも本書の計算のパターンを挙げて，それを解釈する，という方法を踏襲しよう．たとえば，

$$\begin{pmatrix} 1 & 2 \end{pmatrix} \begin{pmatrix} 1 & 3 \\ 1 & -2 \end{pmatrix} = \begin{pmatrix} 3 & -1 \end{pmatrix}$$

である．これは，$\begin{pmatrix} 1 & 2 \end{pmatrix}$ という行ベクトルを行列 $\begin{pmatrix} 1 & 3 \\ 1 & -2 \end{pmatrix}$ で変換すると $\begin{pmatrix} 3 & -1 \end{pmatrix}$ なる行ベクトルに変換される，ということである．これまでベクトル変換は，列ベクトルを変換するという形式で論じてきた．それどころか，行ベクトルであっても，これを恣意的に列ベクトルへと変えてしまい，それを行列で変換してきた（もちろん本書のレベルではこれでまったく問題はない）．この場合，行列はベクトルの左側から掛かった．がしかし，行ベクトルと列ベクトルは厳密には別物で，行列がどちら側から乗じられるかも変わってくる．

　いま，$\boldsymbol{v} = \begin{pmatrix} 1 & 2 \end{pmatrix}$，$A = \begin{pmatrix} 1 & 3 \\ 1 & -2 \end{pmatrix}$ とすると，行ベクトルの変換は $\boldsymbol{v}A$ で

あったが，これの列ベクトル版は，${}^t\boldsymbol{v}$，${}^tA$ と転置させて，${}^t\boldsymbol{v} = \begin{pmatrix} 1 \\ 2 \end{pmatrix}$，${}^tA = \begin{pmatrix} 1 & 1 \\ 3 & -2 \end{pmatrix}$ とし，${}^tA{}^t\boldsymbol{v}$ として掛け算しなければならない（正確には）．すると，

$$ {}^tA{}^t\boldsymbol{v} = \begin{pmatrix} 1 & 1 \\ 3 & -2 \end{pmatrix} \begin{pmatrix} 1 \\ 2 \end{pmatrix} = \begin{pmatrix} 3 \\ -1 \end{pmatrix} $$

となる．で，行ベクトルの変換によって生起された新しい行ベクトルと数値がぴったりと揃う．

　ということは，計算則としては，行列 A と B に対して，$AB = C$ ならば，${}^tB{}^tA = {}^tC$ である．1つ例を示そう．

$$ \begin{pmatrix} 1 & 2 \\ -1 & 3 \end{pmatrix} \begin{pmatrix} 4 & 6 \\ 1 & 2 \end{pmatrix} = \begin{pmatrix} 6 & 10 \\ -1 & 0 \end{pmatrix} $$

転置　　　　　　転置　　　　　　　　転置

$$ \begin{pmatrix} 4 & 1 \\ 6 & 2 \end{pmatrix} \begin{pmatrix} 1 & -1 \\ 2 & 3 \end{pmatrix} = \begin{pmatrix} 6 & -1 \\ 10 & 0 \end{pmatrix} $$

ということである．留意してほしいことは，転置してさらに掛け算の先後を変えなければこのような規則性が表れないということである．

　で，「ひっくり返った，あっち側の変換」の話である．筆者は，

$$ \boldsymbol{v}A = \begin{pmatrix} 1 & 2 \end{pmatrix} \begin{pmatrix} 1 & 3 \\ 1 & -2 \end{pmatrix} = \begin{pmatrix} 3 & -1 \end{pmatrix} \leftrightarrow {}^tA{}^t\boldsymbol{v} = \begin{pmatrix} 1 & 1 \\ 3 & -2 \end{pmatrix} \begin{pmatrix} 1 \\ 2 \end{pmatrix} = \begin{pmatrix} 3 \\ -1 \end{pmatrix} $$

あるいは，同じことだが，

$$ \begin{pmatrix} 1 & 2 \\ -1 & 3 \end{pmatrix} \begin{pmatrix} 4 & 6 \\ 1 & 2 \end{pmatrix} = \begin{pmatrix} 6 & 10 \\ -1 & 0 \end{pmatrix} \leftrightarrow \begin{pmatrix} 4 & 1 \\ 6 & 2 \end{pmatrix} \begin{pmatrix} 1 & -1 \\ 2 & 3 \end{pmatrix} = \begin{pmatrix} 6 & -1 \\ 10 & 0 \end{pmatrix} $$

なる関係を見ると，これらはあたかも互いに紙の裏表のような，あるいはこの世界の，あるいはこの地球の表面の裏側の世界でのこと，あるいは像を左右の

みならず上下に，あるいは遠近（奥行き）までも逆転させてしまうように仕組まれた魔法の鏡の世界をイメージしてしまう．あるいは $\vec{r}$ という空間と $\hat{h}$ という空間というか…，いや，$\vec{r}$ か？　ともあれ，授業中に黒板の裏側の世界のパラレルワールド，などと述べたこともあったのだが，はたして読者諸君はどんなイメージを抱くだろうか？

最後に $\begin{cases} x - 2y = 1 \\ x + y = 4 \end{cases}$ を $\begin{pmatrix} x & y \end{pmatrix} \begin{pmatrix} 1 & 1 \\ -2 & 1 \end{pmatrix} = \begin{pmatrix} 1 & 4 \end{pmatrix}$ としても解けることを見ておこう．行列 $\begin{pmatrix} 1 & 1 \\ -2 & 1 \end{pmatrix}$ の逆行列 $\dfrac{1}{3}\begin{pmatrix} 1 & -1 \\ 2 & 1 \end{pmatrix}$ を両辺に右側から掛けるのである．すると，

$$\begin{pmatrix} x & y \end{pmatrix} \begin{pmatrix} 1 & 1 \\ -2 & 1 \end{pmatrix} \left\{ \frac{1}{3}\begin{pmatrix} 1 & -1 \\ 2 & 1 \end{pmatrix} \right\} = \begin{pmatrix} 1 & 4 \end{pmatrix} \left\{ \frac{1}{3}\begin{pmatrix} 1 & -1 \\ 2 & 1 \end{pmatrix} \right\}$$

なので，確かに $\begin{pmatrix} x & y \end{pmatrix} = \begin{pmatrix} 3 & 1 \end{pmatrix}$ である．

4. 理論と言語体系

　ところで思考とは何だろうか？　ここで，次章で行う哲学的考察の予備的考察を行っておこう．これは端的に述べれば言語そのものである．この言語には数学も含まれている．そして，言語によって世界は作られている．われわれが頭の中に描く世界は言語的に構成されている．視覚も単なる視覚ではなく，そうしたセンス・データを解釈することで世界は認識されるのだ．

　しばしば，新しい理論の構築は新しい言語体系の構築と共になされることがある．そこまでいかなくとも，新しい哲学の構築には新たな言語観や言語の精密な分析（それによる新しい言語観の提示）を伴うことがある．

　前者の典型例がニュートンによる古典物理学（力学）の構築と微積分の構築である．ニュートンは自身の理論を展開するにあたって，その表現方法である言語体系としての微積分を同時進行で構築しなくてはならなかった．また，こ

れも前者に属するが，20 世紀のいわゆる第二次科学革命期に生じた量子力学と
相対論についても同様である．両者は，それまで物理学者には馴染みの薄かっ
た線形代数を理論の構築に俎上させるに至った．

　一方，後者が 19 世紀末から始まり 20 世紀に入って本格化した「言語論的
転回（Linguistic turn）」で，その代表例が言語学者ソシュールであり，哲学
者ヴィトゲンシュタインである．ソシュールは，言語の本質はシニフィアン
（signifian ＝ 意味しているもの，記号表現）の連鎖と関連性であり，シニフィ
エ（signifié ＝ 意味されているもの，記号内容）をその本質から引きずり下ろ
した．ヴィトゲンシュタインは，さらに進んで言語
を「言語ゲーム」という言い方でもって共同的な間
主観的なものと見なし，哲学上の問題のすべてを言
語の問題へと還元してみせる．ヴィトゲンシュタ
インによれば，哲学上の問題とは要するには言葉の
誤用から生じたものに他ならない．そしてまた，言
語的に到達し得ない領域は「語り得ぬもの」として
それについては「沈黙せざるを得ない」と述べるの
である．

Ludwig Josef Johann Wittgenstein（1889–1951）

　それにしても，考えてみるに，人間の思考は確かに言語によってなされるの
である．「なんとなく」とか「そんな感じ」という漠然とした思考も（ほとんど
当の本人は思考しているとすら意識していない思考も），それ自体で言語的な
構成を有している．あるいは，そういった漠然とした思考しかなしえないとい
うことは，それを詳細に言語化できないということに他ならない．つまり言葉
が貧相だから内容を明確化できないということである．

　要するには，言葉は，概念であって，漠然とした対象であってもそれを言語
化することで詳細に区別する．そして区別することが思考することの根源なの
である．かくして，言語の豊かさが思考の豊かさなのであり，数学もまた言語
体系そのものであってみれば，この豊かさは，そのまま思考の豊かさへと直結
するものなのである．

　詳細を述べる紙幅はないが，言語論とヴィトゲンシュタインについては，た
とえば，土屋賢二，『ツチヤ教授の哲学講義─哲学で何がわかるか？』（文春文
庫，2011），『あたらしい哲学入門 なぜ人間は八本足か？』（文春文庫，2014）
などはスラスラ読める好著である．

　ソシュールについては丸山圭三郎，『言葉とは何か』（ちくま学芸文庫，2008）
がわかりやすい．一読をお薦めしたい書として記載しておこう．

　なお，拙著『思考を哲学する』（ミネルヴァ書房，2022）は，こうした思考と
言語の関係についてさらに詳細に論じてある．ご興味のある読者には，ぜひご
一読を‥‥．

5.　神童！　ハミルトン

　本節は，このインターリュードⅡの第3節で開示した筆者の愚論と本当は直
接的に関連するお話である．がしかし，これを直接的に関連するものとして提
示することは完全に，そして著しく本書のレベルを超えてしまう，と同時に筆
者の筆力も超えてしまうのであるが，本節は，「四元数」の発見者であるハミル
トンの紹介である．ハミルトンはケーリー・ハミルトン（p.34 を参照のこと）
のハミルトンである．

　ウィリアム・ハミルトンは，1805 年，アイルラン
ドの首都ダブリンで法律事務所を営む裕福な家の四
男として生まれた．幼少の頃から天才・神童の誉れ
高く，5 歳の頃にはラテン語，ギリシア語，ヘブラ
イ語，英語を読解したという（にわかには信じられ
ないが，そう確かに伝えられており，確かに疑いな
く事実である）．で，さらに 10 歳頃までには，イタ
リア語，ドイツ語，フランス語，サンスクリット語，
アラビア語，ヘブライ語まで解したという．

William Rowan Hamilton
(1805–1865)

　さらにさらに，ハミルトンの天才ぶりはこれで終わらない！　同時期にユー
クリッドの『原論』を読破し，ニュートンの『プリンピキア』まで読破してい

る. で, さらに 16 歳の頃にはラプラスの『天体力学』の間違いまで見つけて当時の学術界を驚愕させている.

　しかし, ハミルトンの人生が幸せだったかどうかはわからない. いや, きっと, 苦しく, 悲しい人生であったであろう. 恋も実らず, 一人の人を生涯にわたって思い続け, 晩年は, 酒に溺れ, 孤独にその人生を終えている.

　ハミルトンの業績は, 同時代人にはほとんど理解不能であったと言ってよいだろう. その代表格で, 主業績と呼べるものが外積のところで述べた「四元数」である.

　1843 年 10 月 3 日, ハミルトンは, ダブリンのブルーム橋にさしかかったときにこのアイデアを閃き, 橋の石柱にこの式を刻んだと言われる. しかし, 前記のようにハミルトン最大のこの業績は彼の生前にはほとんど理解されなかった. また本人も充分な理解に達してはおらず, 時として迷走を繰り返すこととなった. と同時にいささか神秘的な夢想に迷い込んだこともあった. その結果なのだろうか, 晩年の彼は, 酒に溺れ, 悲愴で悲惨な状態と化していったようである. 1865 年 9 月 2 日, 過度の飲酒と過食状態でボロボロになったハミルトンは痛風の痛みの中で亡くなったと伝えられる. 神童の最期は悲惨であった.

　今日, ハミルトンの名前は数学・物理学を学ぶ者にとってはあまりにも身近である. 解析力学と量子力学に用いられるハミルトニアンとは, 彼の業績に因んだ命名である.

　ハミルトンの物語は, 藤原正彦, 『天才の栄光と挫折』（文春文庫, 2008）に詳しい. インターリュード I で紹介した関孝和についても一章を設けてある.

　他の数学者達の物語も含めて一読を勧めたい.

Ⅱ-1 3行3列の正方行列 $A = \begin{pmatrix} 1 & 0 & 2 \\ 0 & 1 & 0 \\ 2 & 0 & 1 \end{pmatrix}$ について

（1）行列 A の行列式を求めよ.

（2）3次元の単位ベクトル $\boldsymbol{e}_x = \begin{pmatrix} 1 \\ 0 \\ 0 \end{pmatrix}$, $\boldsymbol{e}_y = \begin{pmatrix} 0 \\ 1 \\ 0 \end{pmatrix}$, $\boldsymbol{e}_z = \begin{pmatrix} 0 \\ 0 \\ 1 \end{pmatrix}$ を行列 A で回転

させることで x-y, x-z, y-z のどの平面で回転が保存されて，どの平面で回転が
保存されないかを調べよ.

Ⅱ-2 行列 $A = \begin{pmatrix} a & b \\ c & d \end{pmatrix}$ について，行列式が負となる場合は確かにベクトル変換の
回転が保存されないことを以下の方法で示せ.

（1）まず，$\boldsymbol{e}_x = \begin{pmatrix} 1 \\ 0 \end{pmatrix}$, $\boldsymbol{e}_y = \begin{pmatrix} 0 \\ 1 \end{pmatrix}$ をそれぞれ行列 A で変換せよ.

（2）変換後のベクトル $A\boldsymbol{e}_x$ と $A\boldsymbol{e}_y$ がなす角のコサインの大きさを比較することで
$ad - bc < 0$ を確認せよ.

数学的還元主義の果て
——数理科学は世界に何をもたらしたか

　数学の認識論的な威力は，本質的に異なった対象を同一の形式に包摂することで対象同士の差異に頓着することなく広く網羅的に同一性の認識を与えることである．この同一性は数理的な認識の同一性にすぎないのだが，やがて認識の同一性が存在としての同一性へと置き換わり，認識が存在を僭称（せんしょう）するようになる．あえて述べれば認識論——epistemology——が存在論——ontology——を僭称（せんしょう）するようになる．すなわち存在は，「〜という認識をなすところの存在」であったはずが，認識が存在と化すこととなるのである．問題の根幹は，この過程においてほとんど気が付かないうちに何らかの捨象がなされることにある．特に，経済学と経営学においては（そして広くは社会科学全般においては），現実の存在が捨象されて世界はほとんどのっぺらぼうのごとき相貌と化してゆく．

　本章では，こうした数学的還元がどのような問題を引き起こすか，あるいはどのような問題と通底しているかを考えよう．そして，それが現代社会とどのような関係にあるかについても考え，数理科学と社会との関係を問うための1つの視座を提示してみようと思う．

1.　再び言語論的転回を考える

　まずは，先の「インターリュード―≪間奏曲≫―Ⅱ」の第 4 節の「理論と言語体系」に関する記述から緩やかに本節へとつないでゆこう．

　先に述べた概要は，言語の本質が対象の記述にあるのではなく，言語そのもののルールや言葉と言葉の網の目の中の只中から対象を浮かび上がらせるものである，というものであった．そしてまた，この網の目の指向するものであるこちらの認識の網の目のあちら側にある（つまりは認識の届かない領野にある）いわば客観的な対象自体[1]はヴィトゲンシュタイン流に述べれば「語り得ぬもの」なのであった．すなわち，補足すれば，20 世紀に入ってから本格化した「言語論的転回（Linguistic turn）」という方向性もカントの批判哲学による認識論的転回（コペルニクス的転回―微分積分篇 p.145 の脚注 6 を参照のこと）の現代版であるところの発展版であることがわかる．

　カントは，認識は存在を記述したものではなく，認識が存在を規定するのであり，認識の網の目のいわば彼岸に（原理的には手が届かないところに），そのような形で存在を認識させるところの物自体があるとしたのであった．そして，カントもヴィトゲンシュタインも，かかる到達不可能な領域について，その存在を否定するものでないばかりか，カントにいたっては，物自体なる存在がかかる認識機構を作動させる源泉であり，か

Immanuel Kant
(1724–1804)

つ世界の根源なのでもあった．すなわち，存在に対しては，慎重に一定の留保がなされていたのであった．つまり，「語り得ぬもの」なのだけれども存在はしているのであると．

　ところが，この到達し得ぬもの，語り得ぬものについては，徐々にその存在自体を等閑視してゆく傾向が加速する．つまり，そんなものはないに等しいのであると．そして，こうした論法に従えば，これはいかにもその通りであるか

---

　[1] これ以下，おおよそ「対象自体」をカントの物自体に，「対象」（特に単独の場合）を認識のスクリーン上に映じた現象と解釈して差し支えない．また，「実体」なる語も論理的にはカントの物自体と解釈可能なものとして使用している．

に思われる．そもそもこちらの認識が及ばぬ領野に対していかに云々したところで詮なきことのように思われるからである．そもそも，いかなる言葉も思考も，原理的にこちら側の認識の網の目の中に留まるものなのだから，まことに詮なきことと思われてもそれはそれで合理的ではあろう．

だが，これは重大な問題を内包している．なんとなれば，世界はすべて言語的な網の目の中に還元されてしまうからであり，かくして世界は言語である，という恐るべき結論が導出されることとなるからである．そしてまた，この結論はこの論理に従う限りどうにも回避しようのないもののようにも思われる．それどころか，さらに進んで考えてみるに，言語の使用者であるところの「私」までもが言語の網の目の只中に霧散してしまいかねないのである．

実際，この種の問題は生じるのである．そしてその極端な事例が数学とその論理体系が指し示すモノとの間において生じる．1つには物理学や数理科学における個別具体性を有する認識対象自体の喪失において．そして，1つには経済学と経営学における個別具体性を有する経済・経営主体，そしてその存在の喪失において——これを喪失とまで言うのが言いすぎであるならばそのような主体の陳腐化において，と言い換えることができるであろう．

2.　認識対象自体の喪失と数学という言語

では，実際に数学という言語が言語として対象を掬いとることで，どのようにして認識対象自体の喪失，あるいは陳腐化が生じるのであろうか．

こうした機構によってなされる最初の作用は，複雑機微な対象を「〜にすぎない」とする還元論である．たとえば，「音」と「海の波」，さらには「振り子の振動」は，本当は異なったモノであるが，これらを統べる数式はいずれも波動方程式である．これら三者は，異なったモノではあるが，「波動にすぎない」モノとして一元的に認識されることとなる．あるいは，もっと質的に異なったモノであっても，波動方程式でもって一元的に認識のスクリーンに映ずるのであれば，それらはそれらの質的相違には頓着することなく，やはり波動として

思考されて認識されることになる.

　もちろん, この場合はまだ確固たる存在としての対象が, 眼に見える形で存在しているのであるから認識を現象せしめる対象自体の喪失にはならない（かもしれない）. しかし, 20 世紀の物理学の特徴は, かかる対象自体たる実体が霧散消失してゆくところにある. 事実, 現代物理学は実在の把握に失敗しており, 理論はただの計算の道具と化してしまっている. すなわち, 理論は世界観としての役割を放棄しているのである.

　たとえば, 万有引力の源泉は物体そのものであった. かかる引力はそうした物体を源として発生するはずであった. まず物体という存在があって引力があるのである. ところが, かかる引力を幾何学の網の目という関係性（関数関係）に取り込んだのがアインシュタインの相対論であり, 相対論的には物体の有無はもはや必要ではない. それどころか, 幾何学上の特殊性（時空が曲がること）が引力であり, その種の特殊性こそが物体と解釈されることとなるのである. つまり, ここでも認識と存在の方向が逆転しているのであって, ある存在が認識を生じしめるのではなく, 現象の認識が現象の認識のように存在を可能ならしめ規定するのである. かくして, 徐々に認識のあちら側にあったはずの実体たる対象自体は関係性の網の目の中に沈み込み, あるいは遮られ, 霧散消滅してゆく結果となる. 物体は相対論的にはただの幾何学的な曲率という関係性（関数関係）にすぎない. カッシーラーは, 近代西洋哲学の潮流を, こうした方向性にあったと見てとり, 認識論における実体概念から関数概念への移行であったと喝破している[2].

Ernst Cassirer
(1874–1945)

　さらに, この傾向性は量子力学に至って加速する. 量子論的対象に対してわれわれが言い得ることは, 存在論ではない. 量子力学は存在論に（そして実体に）言及することはできない. そこにもはや実体は存在しないのであり, 認識

---

[2] E. カッシーラー, 『実体概念と関数概念【新装版】—認識批判の基本的諸問題の研究』（みすず書房, 2017）, あるいは E. カッシーラー, 『アインシュタインの相対性理論』（河出書房新社, 1996）などを参照のこと.

論のみがあたかも虚空に浮遊するかのごとく遊離してあるのみで，量子の力学とは，力学ならざるもの—non-mechanical なものであり[3]，あたかもヴィトゲンシュタインが「語り得ぬものに対しては沈黙せざるを得ない」と述べたことと驚くほどパラレルに，存在に言及しない（できない）認識論なのである．すなわち，量子の力学は，存在論なき（存在なき）認識論なのである．つまり，たとえば電子とは，「～という方程式が指向するもの（規定するもの）」であり，かつ「… という方程式が指向するもの（規定するもの）」であり，… といった具合に，様々な数学的規定という関係性の網の目に絡めとられた対象たる現象としてのみある．それ以上でも以下でも，ましてやそれ以外でもない．

　かくして，数学という言語による認識は，対象自体の喪失を出来させる結果となるのである．もっとも，これは数学を難詰するところの言辞ではない．そもそも数学とはそういう傾向性を有するからである．数学によって表現されるものの対象自体たる実在などは，そもそも純粋にイデア的な存在でしかないのであり，それこそ認識が到達しえない彼方である．あるいはまた，数学が新しい形式論を展開させるに伴って，それに対応するイデアがまさしくイデアとして創造されるのみなのである．これを非存在としてバッサリと斬って捨てようが，数学そのものにはさしあたって何らの反作用も生じない．むしろ，そうした対象自体を具体的に具象化して設定することの方が認識の硬直化を招くとは，第4章でも述べた通りである．

　以上が数学と物理学（数理科学）における対象と対象自体との関係であるが，同様のことはこれほど劇的ではないが，数学と経済学的主体（経営学的主体）との関係にも生じるものである．それはほとんど数学的に表現された理論体系とそれが指示すると通常は目されている対象自体が有する宿命的な課題とすら言えるだろう．

　たとえばそれは，需要と供給の均衡によって決定される価格というモデルの前提となる市場なるものの実体的存在性であり，ある特定のモデルで想定される

---

[3] D. Bohm, *Quantum Theory*, Dover, p.167. 邦訳：D. ボーム，『量子論』（みすず書房，1964），p.196.

経済主体や経営主体の実体的存在性である．端的に述べればそんなものはどこにも存在しない．本当はこれこそが非存在なのである．にもかかわらず，数学的なモデルとして認識の俎上に浮かび上がったかかるモノは，その虚構性にもかかわらず，現実であるという錯覚を生じさせ，やがて現実の存在であると自ら僭称するようになってゆく（あるいは以前より僭称と記していたが，単にそのような思い込みを加速させ，錯覚を生じさせてゆく結果を招来させるという，もっと穏やかな表現の方が適切なのかもしれないが…）．ともあれ，こうして，数理的な表記は徐々にその背後にある具体的な存在を霧散させ喪失してゆくのであり，そこまでいかずとも，具体的存在から種々の相違点を捨象して陳腐化させるのである．あるいはそのようにさせる力を具体的存在に強く及ぼすこととなる．

　かくして具体的存在・主体の数々は，どこでもいつでも同じ相貌を呈した，言い換えれば極度に抽象的であり，そのためにグローバルであって，グローバルであるために何者（何物）でもない無名の何かに置き換わってゆく結果となる．そしてまた，何者（何物）でもない，無名の何か，すなわち，具体性の一切合切を剥奪された何か，などというものが現実的に存在しない，まさしくのっぺらぼうで，金太郎飴のごときものであれば，これらはやはり架空で虚構なのであり，かかる理論と数学が指向する対象たるはそれが普遍性を主張すればするほどさらに虚構と化してゆかざるをえないように宿命づけられているのである．さらには，社会がかかる虚構と化したるものの集合体であると理論が主張するのであれば，その社会までもが理論的には結局のところ虚構と化さざるを得ない結果までも招来させるのである．要するに，もっと端的に述べると社会は壊れるのである！

　これらは，微分積分篇において架空の，したがって本当はどこにも存在しない「経済人（ホモ・エコノミカス，homo economicus）」なる存在を仮設して理論を構築すると結局は社会そのものが陳腐化し，社会ならざるもの（非現実的なもの）へと変貌してゆく様とまったくもってパラレルである（微分積分篇 p.110 参照）．というか，かかる均衡が出現する市場もまた架空の存在である経済人が闊歩する市場なのであってみれば，じつは最初からすべてが虚構なので

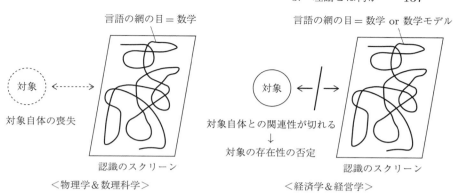

図 7.1

あり，こうした結論もまた必然と言わざるを得ない．—それにしても，考えてみるに，なんと馬鹿げた話であることか！

図 7.1 が詳述した事態の対応関係である．

3.　理論とは何か

　では，そもそも数理的・数学的な理論とはどのようなものなのだろうか？これらの理論が理論として機能するのは，その理論が 1 回限りの現象に適用できるだけでなく複数の同一の現象に適用可能であるという場合である．あるいは適用できた場合にそれは同一の現象なのである，ということになる．要するに，理論が理論であるためには，ユニバーサルに妥当しなければならない．ある A 地点で成立する理論が別の B 地点でも同様に成立すること，これが数理的な理論の威力であり本質である．ニュートンの運動法則は東京でも京都でも大阪でも，もちろんニューヨークでもロンドンでも成立するし，理念的には（原理的には）宇宙の果てであっても成立する（と考えられている）．

　また，時空的な意味においてもいかなる場所でも妥当しなければならない．今ここで成立した理論は，原理的に明日も，明後日も，あるいは 100 年前も成立し，1000 年後ですら成立しなければならない．明日になればその理論が成立

しないのであればそれは理論ではないと言わざるを得ない.

　もちろん，上記した理論は非常に狭い言葉の意味において成立するようなものではあろう．もう少し幅を持たせて緩やかにしておいてもいい．しかし，基本的には上記のようなものが理論なのであって，多少の修正が加わったとしても場所と時間が異なってしまうとその理論がまったく成立しない，などということがあってはそもそも理論などではないのである．A 地点で成立したことが B 地点では成立しないのであればそれは理論ではない.

　経済学や経営学の理論なるものの大半は，じつは，A 地点でのみ成立するような一種の言説にすぎない．非常に狭い領域でのみ成立し（たまたま成立し），これがユニバーサルに成立するということはまずもってないと断言してかまわない．ニュートンの運動法則のようにはいかないのである.

　ところが，ここで奇怪な逆転現象が生じる．ひとたび理論化されてしまうと，人々は（経済学者は，あるいは経営学者は），それを普遍的なものであると誤解するのである．あるいはそうであってほしいと強く希望したり，そうでなければならないと教条的に思い込んだりすることになる．かくして，ただの説明のための言説（基本的には 1 回きりの現象であるものに対する）であったものがより認識的な上位に格上げされて（理論は正しいのであるから），本来の社会や経済現象が理論の下へと格下げされてしまうこととなる．そして，本来なら様々な色彩に彩られた個別具体性は理論の背後に沈み込み，ただ 1 回きりの説明のための言説にすぎなかったものの内容を押しつけられてゆく結果となるのである．理論と違うではないか，だからおかしい，という論法でもって．すなわち，本章の第 1 節，第 2 節で述べたような結果となるのである．──この段落で述べている「逆転現象」については，微分積分篇の第 8 章の第 4 節も参照してほしい.

4. 大転換

　20 世紀に入って急速に数学的な理論化が進行した経済学とそこから派生してきた経営学は，このように眺めてみるとまことに時代的な産物だと言える．す

なわち，互いに異なっていて互いに独立であるかに思われる社会の（世界で生起することの）諸側面が，ある一貫した思想潮流のもとで進行していたトレンドの帰結でもあったのである．そしてこれらの潮流がどこかの時点で限界をむかえ，その歩みを止めることは，ほとんど明白であり，歴史の示すところでもある．ひとつの思想的な潮流がすべての時代を通して普遍的であり，永続したなどというためしはない．思想であれ哲学であれ，あるいは宗教であれ，所詮は人間の頭脳が創り上げたものなのであってみれば必然的に耐用年数があるのであって，ずっと永遠に普遍で不変であることなどないのだ．あえて述べてみれば，普遍で不変なものは，ただただ歴史の流れ，言い替えればそうした過程そのもの，すなわち，かかるプロセスのみなのかもしれないのである．

　物理学者 D. ボームは，哲学者ホワイトヘッドに倣ってプロセスの存在論を提示している．存在 A は B となり，B は C となり，C は D となり…，やがてぐるりと巡って A へと舞い戻ってくる．そしてまた B は B として立ち現れ，C は C として立ち現れる…．この一連の過程において普遍性のあるものは，次々と形態を変えてゆく存在（現れ）そのものではなく，他ならぬこの過程—プロセスそのものである[4]．

　あるいはまた，ニーチェが述べた「永劫回帰」とは，かかるプロセスなのかもしれないのである．なぜならば，それは結局のところ歴史なのであるから．そしてかかる歴史のくり返しが永劫回帰なのであるから．—これは，まったくもって恐るべきことであり，しかしながら，まったくもって真実そのものかもしれないのだ．

　ここで注意すべきは，この種の思想の潮流はいとも容易に反転，あるいは変転し得るものでもある，ということだ．そして事実また，この反転と変転は明

---

[4] Ryo Morikawa, *Limit of the Cartesian Order*, ANPA Cambridge, 24 49-73, 2002 および, Ryo Morikawa, *The Limits of Atomism, the Bohm way of a new ontology*, EJTP, 4(16) 1-9, 2007
　たとえばここで，存在 A, 存在 B… をそれぞれ物理学上の粒子（素粒子）に読み替えてみよ．すると，このボームの主張は原子論的な存在論からの劇的な転換を意味することがわかるであろう．

確にその兆候を見せている．昨今（2015〜16 年頃からは特に誰の眼にも明白になっている），グローバリズムの逆流現象として現れているそれである．この現象は，哲学・思想的には，数式の網の目の只中に埋没し霧散してしまった対象を実在として取り戻し，数式やモデルを単なる説明方法へと降格させることで生じるであろう（そうでなくてはならないであろう）．あるいは単なる説明方法にすぎなかったと再確認することで生じるであろう（これまた，そうでなくてはならないであろう）．

　同時に，かかる思想的な転回に伴ってはるかに危険な方向性が立ち現れる可能性があって，それが文明を破壊的な力で押し流してしまいかねないのである（その兆候も確かに見え隠れしている）．そして，歴史の流れとは往々にしてそのようなものであったことを鑑みるに，筆者は世界全体が特にこうした傾向へと過剰に過激に，そして急速に流れてゆくことを懸念している．

　第一次世界大戦がグローバル化の果てに一発の銃声を合図に始まったことを経済人類学者ポラニーはその著書「大転換」の中で明瞭に描き出している．よく言われるようにグローバル化が反転したことによって戦乱が生じたのではなく，グローバル化したがために，いわばそのグローバル化が混乱と戦乱を招来せしめたのである[5]．

　いずれにせよ，かかる反転と変動はわれわれが生きているうちに，必ず目撃することになるであろう．—現在，われわれは重大な歴史の転換点に生きている．

　この転換は，静かに，しかしながら確実に，現在進行形で生じている．それは，いわば人間の人間たる所以の，あるいはその抑圧されたる集合的で普遍的なるものの（心理学者ユングが述べるような意味においての）復権と復活の過程そのものでもあるのではなかろうか．

　それは，何を我らにもたらすであろうか？　我らは再び，巨大な得体の知れぬ何物かに飲み込まれようとしているかもしれないのである[6]．憂慮と希望の

---

[5] カール・ポラニー，『【新訳】大転換 市場社会の形成と崩壊』（東洋経済新報社，2009）
[6] フランツ・カフカの代表作の 1 つ「変身」は，ある朝，巨大な大蛇（有害生物）に変身した

念を記して脱稿とする.

　またしても型破りで不可思議な数学書だったと思う・・・. がしかし, 読者諸君よ, これまた諒とされよ!

　主人公ザムザの物語である. この典型的な解釈は, ドイツがナチスという巨大な何物かに飲み込まれんとする, そしてまた, ナチスに現れ出でた制御不能な巨大な無意識 (ユング的な意味での集合的・普遍的な無意識) に飲み込まれんとする恐怖を描いた, というものである. そして事実, ドイツは飲み込まれたのであった. ──あるいは, ヨーロッパは飲み込まれたのであった. というのも, ドイツをかかる状態に追いやったのは他ならぬヨーロッパ諸国であり, 世界であり, つまりわれわれ自身であったということはやはり事実であろう.
　昨今の世相は, そしてその基調となる世界に木霊する通底音は, こうしたカフカが描いたものに相同するような何物かではなかろうか. それが, 破滅の予兆なのか, あるいは創造の予兆なのかはわからない. おそらくはその両者が混在するものではあろう. かくて, それをいかにするかは偏に我らにかかっているのであろう. したがって, 「世界よ, 予感するか!? 世界よ, 汝はひれ伏すか?」というニーチェの言葉を欄外にあえて記しておきたい.

読書案内

　まずは純粋な数学（線形代数）と文化としての数学についての書物を 6 冊提示し，以後 [7]〜[13] は微分積分篇と同じものを，[14] と [15] と [16] は理論の現場の執行役であるコンサルと企業との関連（ということは理論と現実の関連）を考える上で非常に示唆的な論考を紹介しておく．

- [1]　森毅，『線型代数—生態と意味』（日本評論社，1980）
- [2]　佐武一郎，『線型代数学（新装版）』（裳華房，2015）
- [3]　サージ・ラング，『ラング線形代数学（上）（下）』（ちくま学芸文庫，2010）
- [4]　小堀憲，『大数学者』（ちくま学芸文庫，2010）
- [5]　モリス・クライン，『数学の文化史』（河出書房新社，2011）
- [6]　遠藤寛子，『算法少女』（ちくま学芸文庫，2006）

　[1] は，今は亡き森先生の名著である．軽快な語り口で線形代数学がどのようなものなのかをうまく説明してくれる好著である．[2] と [3] は，線形代数学の標準的な学術書である．[2] は高度でなかなか読破するには骨が折れるが，[3] は比較的初学者向けである．[4] は，現代数学の基礎を構築した大数学者たちの生涯を描くもので，息の長い名著である．[5] は，西洋文化の中での数学の位置付けや発展史を講じる好著である．クラインは，他にも「何のための数学か—数学本来の姿を求めて（紀伊國屋書店，1987）」なども著しており，こちらもお薦めである．意欲的な読者は読んでみるとよい．[6] は和算にまつわる小説である．町娘あきが算術に取り組む姿がいじらしくも痛快である．小説ではあるが，江戸の様子や和算の雰囲気を伺い知るにも好著であろう．

ところで，お気づきのことと思うが「線形」と「線型」についてである．これは，まあ，どちらも同じである．人によっては「線型」の方がよりリニアーである，などと言われたりするが，最近の表記はどちらかというと「線形」の方が多いように思われる．かく言う筆者も最初は「線型」と記していたが，なんとなく古くさく感じたため「線形」に切り替えることにした．

次に，微分積分篇と同じものを列記しておく．――個々の詳細については微分積分篇の当該の箇所を参照してほしい．

[7]　ドウリング，『例題で学ぶ 入門・経済数学』（シーエービー出版，1995，1996）

[8]　チャン・ウエインライト，『現代経済学の数学基礎』（シーエービー出版，2010）

[9]　尾山大輔，安田洋祐編著『改訂版 経済学で出る数学』（日本評論社，2013）

[10]　西部邁，『西部邁の経済思想入門』（放送大学叢書，2012）

[11]　松原隆一郎，『経済思想入門』（ちくま学芸文庫，2016）

[12]　中野剛志，『真説・企業論 ビジネススクールが教えない経営学』（講談社現代新書，2017）

[13]　原丈人，『「公益」資本主義 英米型資本主義の終焉』（文春新書，2017）

以下は，現場からの生々しい報告である．上の [12] との関連で読んでみるとよい．また，本書（および姉妹書の微分積分篇）との関連も深いであろう．

[14]　中村和己，『コンサルは会社の害毒である』（角川新書，2015）

[15]　カレン・フェラン，『申し訳ない，御社をつぶしたのは私です コンサルタントはこうして組織をぐちゃぐちゃにする』（大和書房，2014／だいわ文庫，2018）

[16]　ルディー和子，『経済の不都合な話』（日経プレミアシリーズ，2018）

特に，[16] の「第 3 章 科学になりたかった経済学」は，本書（および姉妹書の微分積分篇）で述べたこととほとんど同じである．また，経済学の理論がいかにメチャクチャであるかという現場からの報告書のようにも読める．

[14] と [15] は，経営学の理論を用いていかに組織が壊されてゆくか，いかに経営学の理論が（いや，もっと率直に述べると経営学のほとんどすべてが）机上の空論にすぎないかが具体的な事例でもってわかる．「戦略計画」も「最適化プロセス」も「数値目標」も「業績管理システム」も「MECE」も…，すべて，すべて，本当に現実的に何も機能しない実態が暴かれてゆく．それどころか，すべて逆効果となり組織が壊滅してゆく現実のあまりにも生々しい，そしてあまりにも滑稽な報告書である．

結局，彼らが行うことは，本文中でも色々と述べたことであるが，たとえば行列の（データの）数字を弄ることである．「ここが（この数字が）御社の足を引っ張っているからこの数字を○×に改善するように努めましょう」とか，「この数字をさらに拡大するように努めましょう」，などといったものである．しかし，そうした数字は何らかの現実を反映しているのであり，それを弄るということは現実に何らかの変更を加えるということである．現実に手を加えるということは，何らかの反作用が必ず伴うのであって，単純な話ではない．数字の背後には現実がある．——したがって，つまりはこういう流れである【「この数字を改善すべきである（コンサル曰く）」→「今日から○×とせよ！（社長命令）」→「そんなこといきなり言われても…（現場の声）」→が，しかしなんとかしようとして…→方々に反作用が生じる→組織の疲弊→結果的にすべてがおかしくなる…】——もちろん，こうした改善がまったくの無意味であると述べているわけではない．こうしたことが必要な場合だってある．しかし，その数字は文化的・歴史的な背景を持って出てくるもので，一見すると数字の改善に見えるものが反作用として文化と歴史を，ということは社会を根底から突き崩す結果をもたらすだけで，ほとんど機能しなかったことは近年のあまりにも極端な社会の疲弊ぶりが示しているのではないだろうか．結局，本文中でも述べたことだが，こうした一連の動きが特定のイデオロギーに支えられた思

想運動であったということであろう.

　それにしても，経営学の，そして経済学の用語や概念がいかに現代のあらゆる側面に散見されることか！　営利企業だけではなく，政治にも学校にも病院にも，およそ営利とは無縁であったはずの場面にまでその用語と概念はいかにも正義であるかのように顔を出す．しかし，そのほとんどは，おそらくは大嘘なのである．ここらで眼を醒まさないと（要するには常識を取り戻さないと）社会は崩壊してしまいかねない（いや，すでに崩壊してしまっているのかもしれない …）[1].

　[14] と [15]，そして [16] は，そんなことを考えさせてくれる．是非とも一読を勧めたい.

---

[1] いつの間にかわれわれの社会に入り込んできた「業績評価システム」や「数値目標」…，などといった経営学用語や概念…．こうした「これ何のためにやってるんだ？」という類の，いわゆる最新の，そしてコンサルや大学のお偉いプロフェッサーが御社に御託をたれて持ち込んだところの「もうこんなんやらんでもええやんけ …」「仕事が増えただけやんけ …」と心の底では誰もが思っている，そう！　あのアホらしいものの数々はその直感の通り，つまりは，われわれの常識が教えてくれる通り，まったくもって無駄なのである！　いや，無駄どころか組織を，そして最終的には社会そのものを破壊する結果しか生まないのである！　みんな！　眼を醒まそうじゃないか！！

問題解答

第 1 章

問 1.1　　p.7

(1) $\begin{pmatrix} -1 & 22 \\ 12 & -9 \end{pmatrix}$　(2) $\begin{pmatrix} 3 & 1 & 1 \\ -7 & -8 & 5 \\ 2 & 6 & 7 \end{pmatrix}$　(3) $\begin{pmatrix} -5 & -5 \\ -15 & -7 \end{pmatrix}$　(4) $\begin{pmatrix} 1 & 1 & 1 \\ 1 & 1 & 1 \\ 1 & 1 & -1 \end{pmatrix}$

(5) -4　(6) $\begin{pmatrix} 0 \\ 2 \\ 4 \end{pmatrix}$　(7) $\begin{pmatrix} 1 \\ -8 \end{pmatrix}$

問 1.2　　p.10

$$\begin{pmatrix} a & b \\ c & d \end{pmatrix}\begin{pmatrix} e & f \\ g & h \end{pmatrix} = \begin{pmatrix} ae+bg & af+bh \\ ce+dg & cf+dh \end{pmatrix} = \begin{pmatrix} 1 & 0 \\ 0 & 1 \end{pmatrix} \text{より,} \begin{cases} ae+bg=1 \\ ce+dg=0 \\ af+bh=1 \\ cf+dh=0 \end{cases} \text{で}$$

あるから, e,f,g,h を a,b,c,d で表すと, $e = \dfrac{d}{ad-bc}$, $f = \dfrac{-b}{ad-bc}$, $g = \dfrac{-c}{ad-bc}$, h

$= \dfrac{a}{ad-bc}$ なので, 逆行列は, 確かに $\dfrac{1}{ad-bc}\begin{pmatrix} d & -b \\ -c & a \end{pmatrix}$ である.

問 1.3　　p.10

　まず, 本文中にある 2 行 2 列の逆行列の公式を用いて逆行列を求めよ. 次に, 求めた逆行列と元の行列を掛けると単位行列 E となることを確かめればよい. 1 つだけ行っておく.

(1) $\begin{pmatrix} 1 & 2 \\ 2 & 6 \end{pmatrix}$ の逆行列は, 公式に入れると, $\dfrac{1}{2}\begin{pmatrix} 6 & -2 \\ -2 & 1 \end{pmatrix}$ である. 元の行列と掛け

ると, $\dfrac{1}{2}\begin{pmatrix} 6 & -2 \\ -2 & 1 \end{pmatrix}\begin{pmatrix} 1 & 2 \\ 2 & 6 \end{pmatrix} = \begin{pmatrix} 1 & 0 \\ 0 & 1 \end{pmatrix}$, $\begin{pmatrix} 1 & 2 \\ 2 & 6 \end{pmatrix}\left[\dfrac{1}{2}\begin{pmatrix} 6 & -2 \\ -2 & 1 \end{pmatrix}\right] =$

$\begin{pmatrix} 1 & 0 \\ 0 & 1 \end{pmatrix}$ となって単位行列となる.

　以上, 煩雑になるのを避けるため, これ以外の解答は省略する.

問 1.4　　p.15

そのまま AB を計算すると確かに $AB = \begin{pmatrix} 4 & 1 & -1 & 7 \\ 5 & 19 & 2 & -2 \\ 8 & -9 & 11 & 5 \\ -1 & -4 & 5 & -9 \end{pmatrix}$ である.

問 1.5　　p.15

(1) ① $\begin{pmatrix} 2 & a_1 \\ a_2 & a_3 \end{pmatrix}\begin{pmatrix} 3 & b_1 \\ b_2 & b_3 \end{pmatrix}$ を計算すると, $\begin{pmatrix} 6 + a_1 b_2 & 2b_1 + a_1 b_3 \\ 3a_2 + a_3 b_2 & a_2 b_1 + a_3 b_3 \end{pmatrix}$ で,

$a_1 b_2 = 5$ $a_3 b_2 = \begin{pmatrix} 5 \\ 11 \end{pmatrix}$ $a_1 b_3 = \begin{pmatrix} 8 & -1 \end{pmatrix}$ $a_2 b_1 = \begin{pmatrix} 0 & 0 \\ 4 & 6 \end{pmatrix}$ $a_3 b_3 = \begin{pmatrix} 8 & -1 \\ 18 & -1 \end{pmatrix}$

したがって,

$$\begin{pmatrix} 6 + a_1 b_2 & 2b_1 + a_1 b_3 \\ 3a_2 + a_3 b_2 & a_2 b_1 + a_3 b_3 \end{pmatrix} = \begin{pmatrix} 11 & 12 & 5 \\ 5 & 8 & -1 \\ 17 & 22 & 5 \end{pmatrix}$$

② 実際に計算して上記と同じ結果となれば正解である.

(2) ① 問題文の左側の行列を A, 右側の行列を B として, 以下のようにブロック化してみる (もちろん, これ以外にもブロック化の方法はある).

$$\begin{pmatrix} 1 & 0 \\ 2 & 4 \end{pmatrix} = a_{11} \qquad \begin{pmatrix} 2 & -2 & 0 \\ 0 & 3 & 1 \end{pmatrix} = a_{12}$$

$$\begin{pmatrix} -2 & -3 \\ 3 & 5 \\ -1 & 1 \end{pmatrix} = a_{21} \qquad \begin{pmatrix} 0 & 2 & 4 \\ 1 & -3 & 0 \\ 2 & 2 & 0 \end{pmatrix} = a_{22}$$

$$\begin{pmatrix} 1 & 2 \\ 6 & 5 \end{pmatrix} = b_{11} \qquad \begin{pmatrix} 3 & -1 & 2 \\ 4 & 4 & -3 \end{pmatrix} = b_{12}$$

$$\begin{pmatrix} 0 & -1 \\ 1 & 2 \\ -1 & 0 \end{pmatrix} = b_{21} \qquad \begin{pmatrix} 0 & 5 & 1 \\ 0 & -1 & 2 \\ 2 & 1 & 3 \end{pmatrix} = b_{22}$$

として, $\begin{pmatrix} a_{11} & a_{12} \\ a_{21} & a_{22} \end{pmatrix}\begin{pmatrix} b_{11} & b_{12} \\ b_{21} & b_{22} \end{pmatrix} = \begin{pmatrix} a_{11}b_{11} + a_{12}b_{21} & a_{11}b_{12} + a_{12}b_{22} \\ a_{21}b_{11} + a_{22}b_{21} & a_{21}b_{12} + a_{22}b_{22} \end{pmatrix}$

より,

$$\begin{pmatrix} -1 & -4 & 3 & 11 & 0 \\ 28 & 30 & 24 & 12 & 1 \\ -22 & -15 & -10 & -8 & 21 \\ 30 & 24 & 29 & 25 & -14 \\ 7 & 5 & 1 & 13 & 1 \end{pmatrix}$$

となる.

② 実際に計算して上記と同じ結果となれば正解である.

練習問題　　p.16

1-1

(1) $\begin{pmatrix} -11 & -17 \\ -8 & -10 \end{pmatrix}$　(2) $\begin{pmatrix} 0 & 1 \\ 26 & -21 \end{pmatrix}$　(3) $\begin{pmatrix} 4 & -1 \\ -6 & 8 \end{pmatrix}$　(4) $\begin{pmatrix} 5 & 3 \\ 3 & 7 \end{pmatrix}$

(5) $\begin{pmatrix} 34 & -28 \\ 20 & -18 \end{pmatrix}$　(6) $\begin{pmatrix} 34 & -28 \\ 20 & -18 \end{pmatrix}$　(7) $\begin{pmatrix} 11 & -9 \\ 4 & -8 \end{pmatrix}$　(8) $\begin{pmatrix} 11 & -9 \\ 4 & -8 \end{pmatrix}$

(9) $\begin{pmatrix} -17 & -18 \\ -12 & -10 \end{pmatrix}$　(10) $\begin{pmatrix} -2 & 3 \\ 32 & -25 \end{pmatrix}$

1-2

(1) $\begin{pmatrix} 5 & 2 & 1 \\ 8 & 8 & -3 \\ -2 & -3 & 1 \end{pmatrix}$　(2) $\begin{pmatrix} 2 & 2 & -1 \\ 1 & 0 & 0 \\ 8 & -7 & 12 \end{pmatrix}$　(3) $\begin{pmatrix} 4 & 1 & 1 \\ 0 & 7 & -8 \\ 1 & -3 & 4 \end{pmatrix}$

(4) $\begin{pmatrix} 7 & 4 & -4 \\ -6 & -3 & 10 \\ -4 & -8 & 11 \end{pmatrix}$　(5) $\begin{pmatrix} 2 & 1 & 8 \\ 2 & 0 & -7 \\ -1 & 0 & 12 \end{pmatrix}$

(6) これらは同じ結果にはならない. しかし, 以下のようにすると同じ結果となる. すなわち, $^t(AB) = \begin{pmatrix} 5 & 8 & -2 \\ 2 & 8 & -3 \\ 1 & -3 & 1 \end{pmatrix} = {}^tB\,{}^tA$ となり, $AB = C$ の場合,

$^tB\,{}^tA = {}^tC$ である.

　　これは, インターリュードⅡの第3節 (p.124) に詳細が述べてあるので, そこを参照するとよい (もちろん, $^tB\,{}^tA$ の場合も同様である).

(7) 答えは, $\begin{pmatrix} 18 & 9 & -3 \\ 3 & 12 & -1 \\ 3 & -21 & 28 \end{pmatrix}$ である. 計算の仕方は, そのまま足し算を行ってから計算する場合と, $(A+B)^2 = A^2 + AB + BA + B^2$ なので (1)〜(4) の結果を用いて計算してもよい.

(8) $(A+B+E)(A+B-E) = (A+B)^2 - E$ を用いると, $\begin{pmatrix} 17 & 9 & -3 \\ 3 & 11 & -1 \\ 3 & -21 & 27 \end{pmatrix}$

となる. ここで, $(A+B)E = E(A+B)$ となることを用いたことに注意せよ.

1-3

(1) $A^2 = \begin{pmatrix} 1 & -1 \\ 1 & 1 \end{pmatrix}\begin{pmatrix} 1 & -1 \\ 1 & 1 \end{pmatrix} = \begin{pmatrix} 0 & -2 \\ 2 & 0 \end{pmatrix} = 2\begin{pmatrix} 0 & -1 \\ 1 & 0 \end{pmatrix}$ なのだから, $A^4 =$

$$\left[2\begin{pmatrix} 0 & -1 \\ 1 & 0 \end{pmatrix}\right]^2 = -4\begin{pmatrix} 1 & 0 \\ 0 & 1 \end{pmatrix}$$ となり，したがって $A^8 = 16E$ である．

(2) $B^3 = -\begin{pmatrix} 1 & 0 \\ 0 & 1 \end{pmatrix} = -E$ なので，$B^6 = E$ と単位行列になる．なお，行列 B は $\dfrac{\pi}{3}$ の回転行列である．回転行列については第 5 章で学習するので，回転行列（回転変換）を学んだ後に本問を再考するとよい．

(3) $C^2 = \begin{pmatrix} 1 & 0 & 0 \\ 0 & 0 & -1 \\ 0 & 1 & 0 \end{pmatrix}\begin{pmatrix} 1 & 0 & 0 \\ 0 & 0 & -1 \\ 0 & 1 & 0 \end{pmatrix} = \begin{pmatrix} 1 & 0 & 0 \\ 0 & -1 & 0 \\ 0 & 0 & -1 \end{pmatrix}$

$C^3 = \begin{pmatrix} 1 & 0 & 0 \\ 0 & -1 & 0 \\ 0 & 0 & -1 \end{pmatrix}\begin{pmatrix} 1 & 0 & 0 \\ 0 & 0 & -1 \\ 0 & 1 & 0 \end{pmatrix} = \begin{pmatrix} 1 & 0 & 0 \\ 0 & 0 & 1 \\ 0 & -1 & 0 \end{pmatrix}$

$C^4 = \begin{pmatrix} 1 & 0 & 0 \\ 0 & -1 & 0 \\ 0 & 0 & -1 \end{pmatrix}\begin{pmatrix} 1 & 0 & 0 \\ 0 & -1 & 0 \\ 0 & 0 & -1 \end{pmatrix} = \begin{pmatrix} 1 & 0 & 0 \\ 0 & 1 & 0 \\ 0 & 0 & 1 \end{pmatrix} = E$

1-4

(1) $\begin{pmatrix} (1) & O \\ {}^tO & R \end{pmatrix}\begin{pmatrix} (1) & O \\ {}^tO & R^\dagger \end{pmatrix} = \begin{pmatrix} 1 & O \\ O & RR^\dagger \end{pmatrix}$ となって，O がすべての要素が 0 であるゼロ行列であることと，$RR^\dagger = \begin{pmatrix} i\cos x & \sin x \\ \sin x & i\cos x \end{pmatrix}\begin{pmatrix} -i\cos x & \sin x \\ \sin x & -i\cos x \end{pmatrix} = \begin{pmatrix} 1 & 0 \\ 0 & 1 \end{pmatrix}$ であることから，確かに結果は単位行列 E となる．

(2) ① $u^\dagger = \begin{pmatrix} 1 & 0 \\ 0 & -i\cos x \end{pmatrix}$ ② ${}^tw = \begin{pmatrix} 0 & \sin x \end{pmatrix}$

③ $\begin{pmatrix} u & w \\ {}^tw & i\cos x \end{pmatrix}\begin{pmatrix} u^\dagger & w \\ {}^tw & -i\cos x \end{pmatrix} = \begin{pmatrix} uu^\dagger + w{}^tw & uw - wi\cos x \\ {}^twu^\dagger + i\cos x{}^tw & {}^tww + \cos^2 x \end{pmatrix}$

なので，$\begin{pmatrix} uu^\dagger + w{}^tw & uw - wi\cos x \\ {}^twu^\dagger + i\cos x{}^tw & {}^tww + \cos^2 x \end{pmatrix} = \begin{pmatrix} 1 & 0 & 0 \\ 0 & 1 & 0 \\ 0 & 0 & 1 \end{pmatrix} = E$ である．

1-5

(1) $\begin{pmatrix} 0 & 2 \\ 2 & -3 \\ 1 & 1 \end{pmatrix}$ (2) 計算できない   (3) $\begin{pmatrix} 2 & -1 & 1 \\ 4 & -2 & 2 \\ 6 & -3 & 3 \end{pmatrix}$ (4) 計算できない

1-6

$$A = \begin{pmatrix} 1 & -1 & 1 & 3 \\ 2 & -2 & 2 & 6 \\ -3 & 3 & -3 & -9 \\ 1 & -1 & 1 & 3 \end{pmatrix}, \quad B = \begin{pmatrix} 0 & 1 & -3 & 0 \\ 0 & 2 & 3 & 0 \\ 0 & 0 & 9 & 0 \\ 2 & 4 & 0 & 2 \end{pmatrix}$$ である．これを以下のよ

うにブロック化する．

$$A_{11} = \begin{pmatrix} 1 & -1 \\ 2 & -2 \end{pmatrix}, \ A_{12} = \begin{pmatrix} 1 & 3 \\ 2 & 6 \end{pmatrix}, \ A_{21} = \begin{pmatrix} -3 & 3 \\ 1 & -1 \end{pmatrix}, \ A_{22} = \begin{pmatrix} -3 & -9 \\ 1 & 3 \end{pmatrix}$$

および，$B_{11} = \begin{pmatrix} 0 & 1 \\ 0 & 2 \end{pmatrix}, \ B_{12} = \begin{pmatrix} -3 & 0 \\ 3 & 0 \end{pmatrix}, \ B_{21} = \begin{pmatrix} 0 & 0 \\ 2 & 4 \end{pmatrix}, \ B_{22} = \begin{pmatrix} 9 & 0 \\ 0 & 2 \end{pmatrix}$

すると，$AB = \begin{pmatrix} A_{11}B_{11} + A_{12}B_{21} & A_{11}B_{12} + A_{12}B_{22} \\ A_{21}B_{11} + A_{22}B_{21} & A_{21}B_{12} + A_{22}B_{22} \end{pmatrix}$ なのだから，$AB =$

$$\begin{pmatrix} 6 & 11 & 3 & 6 \\ 12 & 22 & 6 & 12 \\ -18 & -33 & -9 & -18 \\ 6 & 11 & 3 & 0 \end{pmatrix}$$ である．

これ以外にも，たとえば，

$$A = \begin{pmatrix} A_{11} = (1) & A_{12} = \begin{pmatrix} -1 & 1 & 3 \end{pmatrix} \\ A_{21} = \begin{pmatrix} 2 \\ -3 \\ 1 \end{pmatrix} & A_{22} = \begin{pmatrix} -2 & 2 & 6 \\ 3 & -3 & -9 \\ -1 & 1 & 3 \end{pmatrix} \end{pmatrix}$$

$$B = \begin{pmatrix} B_{11} = (0) & B_{12} = \begin{pmatrix} 1 & -3 & 0 \end{pmatrix} \\ B_{21} = \begin{pmatrix} 0 \\ 0 \\ 2 \end{pmatrix} & B_{22} = \begin{pmatrix} 2 & 3 & 0 \\ 0 & 9 & 0 \\ 4 & 0 & 2 \end{pmatrix} \end{pmatrix}$$

とブロック化しても $AB = \begin{pmatrix} A_{11}B_{11} + A_{12}B_{21} & A_{11}B_{12} + A_{12}B_{22} \\ A_{21}B_{11} + A_{22}B_{21} & A_{21}B_{12} + A_{22}B_{22} \end{pmatrix}$ として同じよ

うに計算できる．各自で試みられたし．

第 2 章

問 2.1　　p.23

(1) ① $\begin{pmatrix} 2 & 5 \\ 3 & -1 \end{pmatrix} \begin{pmatrix} x \\ y \end{pmatrix} = \begin{pmatrix} 9 \\ 5 \end{pmatrix}$　　② $-\dfrac{1}{17} \begin{pmatrix} -1 & -5 \\ -3 & 2 \end{pmatrix} = \dfrac{1}{17} \begin{pmatrix} 1 & 5 \\ 3 & -2 \end{pmatrix}$

③ $\dfrac{1}{17} \begin{pmatrix} 1 & 5 \\ 3 & -2 \end{pmatrix} \begin{pmatrix} 2 & 5 \\ 3 & -1 \end{pmatrix} \begin{pmatrix} x \\ y \end{pmatrix} = \dfrac{1}{17} \begin{pmatrix} 1 & 5 \\ 3 & -2 \end{pmatrix} \begin{pmatrix} 9 \\ 5 \end{pmatrix}$

$$\begin{pmatrix} 1 & 0 \\ 0 & 1 \end{pmatrix}\begin{pmatrix} x \\ y \end{pmatrix} = \frac{1}{17}\begin{pmatrix} 1 & 5 \\ 3 & -2 \end{pmatrix}\begin{pmatrix} 9 \\ 5 \end{pmatrix}$$

$$\begin{pmatrix} x \\ y \end{pmatrix} = \begin{pmatrix} 2 \\ 1 \end{pmatrix}$$

(2) ① $\begin{pmatrix} 3 & -1 \\ 2 & 3 \end{pmatrix}\begin{pmatrix} x \\ y \end{pmatrix} = \begin{pmatrix} 7 \\ 1 \end{pmatrix}$ ② $\frac{1}{11}\begin{pmatrix} 3 & 1 \\ -2 & 3 \end{pmatrix}$

③ $\frac{1}{11}\begin{pmatrix} 3 & 1 \\ -2 & 3 \end{pmatrix}\begin{pmatrix} 3 & -1 \\ 2 & 3 \end{pmatrix}\begin{pmatrix} x \\ y \end{pmatrix} = \frac{1}{11}\begin{pmatrix} 3 & 1 \\ -2 & 3 \end{pmatrix}\begin{pmatrix} 7 \\ 1 \end{pmatrix}$

$$\begin{pmatrix} x \\ y \end{pmatrix} = \frac{1}{11}\begin{pmatrix} 3 & 1 \\ -2 & 3 \end{pmatrix}\begin{pmatrix} 7 \\ 1 \end{pmatrix} = \begin{pmatrix} 2 \\ -1 \end{pmatrix}$$

(3) ① $\begin{pmatrix} 1 & -3 \\ -2 & 1 \end{pmatrix}\begin{pmatrix} x \\ y \end{pmatrix} = \begin{pmatrix} 0 \\ -5 \end{pmatrix}$ ② $-\frac{1}{5}\begin{pmatrix} 1 & 3 \\ 2 & 1 \end{pmatrix}$

③ $-\frac{1}{5}\begin{pmatrix} 1 & 3 \\ 2 & 1 \end{pmatrix}\begin{pmatrix} 1 & -3 \\ -2 & 1 \end{pmatrix}\begin{pmatrix} x \\ y \end{pmatrix} = -\frac{1}{5}\begin{pmatrix} 1 & 3 \\ 2 & 1 \end{pmatrix}\begin{pmatrix} 0 \\ -5 \end{pmatrix}$

$$\begin{pmatrix} x \\ y \end{pmatrix} = -\frac{1}{5}\begin{pmatrix} 1 & 3 \\ 2 & 1 \end{pmatrix}\begin{pmatrix} 0 \\ -5 \end{pmatrix} = \begin{pmatrix} 3 \\ 1 \end{pmatrix}$$

問 2.2   p.24

(1) $y = t$ のとき，$x = 5 + 3t$ で，$\begin{pmatrix} x \\ y \end{pmatrix} = \begin{pmatrix} 5 + 3t \\ t \end{pmatrix}$

(2) $z = t$ のとき，$x = -\dfrac{3}{5}t - \dfrac{1}{5}$，$y = \dfrac{9}{5}t - \dfrac{2}{5}$ で，$\begin{pmatrix} x \\ y \\ z \end{pmatrix} = \begin{pmatrix} -\dfrac{3}{5}t - \dfrac{1}{5} \\ \dfrac{9}{5}t - \dfrac{2}{5} \\ t \end{pmatrix}$

(3) $y = s$ のとき，$x = \dfrac{5}{2}s$ あるいは，$y = 2k$ のとき，$x = 5k$，としてもよい．つま

り，$\begin{pmatrix} x \\ y \end{pmatrix} = \begin{pmatrix} \dfrac{5}{2}s \\ s \end{pmatrix}$ あるいは，$\begin{pmatrix} x \\ y \end{pmatrix} = \begin{pmatrix} 2k \\ 5k \end{pmatrix}$ などとしてもよい．

　　以上，パラメーターを t とか s とか k とか意図的に変えたが，これらの文字は
どれでもよいということも確認してほしい．──当たり前なのだが····．

問 2.3   p.27

(1) $\begin{pmatrix} x \\ y \end{pmatrix} = \begin{pmatrix} 2 \\ 1 \end{pmatrix}$ (2) $\begin{pmatrix} x \\ y \end{pmatrix} = \begin{pmatrix} 1 \\ 2 \end{pmatrix}$ (3) $\begin{pmatrix} x \\ y \\ z \end{pmatrix} = \begin{pmatrix} 1 \\ 1 \\ 1 \end{pmatrix}$ (4) $\begin{pmatrix} x \\ y \\ z \\ w \end{pmatrix} = \begin{pmatrix} 1 \\ 1 \\ 1 \\ 1 \end{pmatrix}$

問 2.4 p.27

確認せよ，などと書いた問題であるが，そもそも与式は，$\begin{pmatrix} 2 & -5 & 7 \\ 4 & -10 & 14 \end{pmatrix}$ なのだか

ら，$\begin{pmatrix} 2 & -5 & 7 \\ 2 & -5 & 7 \end{pmatrix}$ であり，左側が単位行列の形にならないことは明らかである．

また，$\begin{pmatrix} 2 & -5 \\ 4 & -10 \end{pmatrix}$ の逆行列についても公式に入れると分母が 0 となり逆行列は存在

しない．よって，与式から作られた行列は正則ではない（非正則である）．

したがって，パラメーターを 1 つ指定して，$y = t$ のとき，$x = \dfrac{5}{2}t + \dfrac{7}{2}$ と解く．

問 2.5 p.31

(1) $\begin{pmatrix} 2 & -5 & -1 & 7 \\ 3 & 4 & 10 & -1 \end{pmatrix}$ を変形すると $\begin{pmatrix} 1 & 0 & 2 & 1 \\ 0 & 1 & 1 & -1 \end{pmatrix}$ となるので左側の解が

$\begin{pmatrix} x \\ y \end{pmatrix} = \begin{pmatrix} 2 \\ 1 \end{pmatrix}$，右側の解が $\begin{pmatrix} x \\ y \end{pmatrix} = \begin{pmatrix} 1 \\ -1 \end{pmatrix}$ である．

(2) $\begin{pmatrix} 1 & 5 & -2 & 4 & -1 \\ 2 & -1 & 3 & 4 & 5 \\ 4 & 1 & -1 & 4 & 3 \end{pmatrix}$ を変形すると $\begin{pmatrix} 1 & 0 & 0 & 1 & 1 \\ 0 & 1 & 0 & 1 & 0 \\ 0 & 0 & 1 & 1 & 1 \end{pmatrix}$ となるので左側の

解が $\begin{pmatrix} x \\ y \\ z \end{pmatrix} = \begin{pmatrix} 1 \\ 1 \\ 1 \end{pmatrix}$，右側の解が $\begin{pmatrix} x \\ y \\ z \end{pmatrix} = \begin{pmatrix} 1 \\ 0 \\ 1 \end{pmatrix}$，である

(3) $\begin{pmatrix} 3 & -7 & -4 & -1 & 10 \\ 2 & 5 & 7 & 9 & -3 \end{pmatrix}$ を変形すると $\begin{pmatrix} 1 & 0 & 1 & 2 & 1 \\ 0 & 1 & 1 & 1 & -1 \end{pmatrix}$ となるので左側

の解が $\begin{pmatrix} x \\ y \end{pmatrix} = \begin{pmatrix} 1 \\ 1 \end{pmatrix}$，中央の解が $\begin{pmatrix} x \\ y \end{pmatrix} = \begin{pmatrix} 2 \\ 1 \end{pmatrix}$，右側の解が $\begin{pmatrix} x \\ y \end{pmatrix} = \begin{pmatrix} 1 \\ -1 \end{pmatrix}$，

である．

問 2.6 p.31

(1) $\begin{pmatrix} -2 & -3 & 1 & 0 \\ 5 & 1 & 0 & 1 \end{pmatrix}$ を変形すると $\begin{pmatrix} 1 & 0 & 1/13 & 3/13 \\ 0 & 1 & -5/13 & -2/13 \end{pmatrix}$ となるので逆行列

は，$\begin{pmatrix} 1/13 & 3/13 \\ -5/13 & -2/13 \end{pmatrix} = \dfrac{1}{13} \begin{pmatrix} 1 & 3 \\ -5 & -2 \end{pmatrix}$ である．また確かに，

$\dfrac{1}{13} \begin{pmatrix} 1 & 3 \\ -5 & -2 \end{pmatrix} \begin{pmatrix} -2 & -3 \\ 5 & 1 \end{pmatrix} = \begin{pmatrix} 1 & 0 \\ 0 & 1 \end{pmatrix}$ である．

(2) $\begin{pmatrix} -1 & -1 & 1 & | & 1 & 0 & 0 \\ 1 & 1 & 1 & | & 0 & 1 & 0 \\ 1 & -1 & -1 & | & 0 & 0 & 1 \end{pmatrix}$ を変形すると $\begin{pmatrix} 1 & 0 & 0 & | & 0 & 1/2 & 1/2 \\ 0 & 1 & 0 & | & -1/2 & 0 & -1/2 \\ 0 & 0 & 1 & | & 1/2 & 1/2 & 0 \end{pmatrix}$

となるので逆行列は, $\dfrac{1}{2}\begin{pmatrix} 0 & 1 & 1 \\ -1 & 0 & -1 \\ 1 & 1 & 0 \end{pmatrix}$ である. また, 確かに,

$$\dfrac{1}{2}\begin{pmatrix} 0 & 1 & 1 \\ -1 & 0 & -1 \\ 1 & 1 & 0 \end{pmatrix}\begin{pmatrix} -1 & -1 & 1 \\ 1 & 1 & 1 \\ 1 & -1 & -1 \end{pmatrix} = \begin{pmatrix} 1 & 0 & 0 \\ 0 & 1 & 0 \\ 0 & 0 & 1 \end{pmatrix}$$ である.

(3) $\begin{pmatrix} 1 & 0 & 1 & -1 & | & 1 & 0 & 0 & 0 \\ -1 & -1 & 0 & 2 & | & 0 & 1 & 0 & 0 \\ 0 & 1 & -1 & 1 & | & 0 & 0 & 1 & 0 \\ 2 & 1 & 0 & 1 & | & 0 & 0 & 0 & 1 \end{pmatrix}$ を変形すると

$\begin{pmatrix} 1 & 0 & 0 & 0 & | & -3/2 & -1/2 & -3/2 & 1 \\ 0 & 1 & 0 & 0 & | & 5/2 & 1/2 & 5/2 & 1/2 \\ 0 & 0 & 1 & 0 & | & 3 & 1 & 2 & -1 \\ 0 & 0 & 0 & 1 & | & 1/2 & 1/2 & 1/2 & 0 \end{pmatrix}$ なので $\dfrac{1}{2}\begin{pmatrix} -3 & -1 & -3 & 2 \\ 5 & 1 & 5 & 1 \\ 6 & 2 & 4 & -2 \\ 1 & 1 & 1 & 0 \end{pmatrix}$

が逆行列であり, 確かに, $\dfrac{1}{2}\begin{pmatrix} -3 & -1 & -3 & 2 \\ 5 & 1 & 5 & 1 \\ 6 & 2 & 4 & -2 \\ 1 & 1 & 1 & 0 \end{pmatrix}\begin{pmatrix} 1 & 0 & 1 & -1 \\ -1 & -1 & 0 & 2 \\ 0 & 1 & -1 & 1 \\ 2 & 1 & 0 & 1 \end{pmatrix} =$

$\begin{pmatrix} 1 & 0 & 0 & 0 \\ 0 & 1 & 0 & 0 \\ 0 & 0 & 1 & 0 \\ 0 & 0 & 0 & 1 \end{pmatrix}$ である.

問 2.7　　p.33

(1) ランク 2 (第 3 行目を 0 とすることができる)　　(2) ランク 3 (正則である)

(3) ランク 3 (第 4 行目を 0 とすることはできる)

練習問題　　p.33

2-1

(1) ① $\begin{pmatrix} 3 & -7 \\ -3 & 7 \end{pmatrix}\begin{pmatrix} x \\ y \end{pmatrix} = \begin{pmatrix} 5 \\ -5 \end{pmatrix}$. これは逆行列が存在せず, パラメーターを指

定して解くと, $\begin{pmatrix} x \\ y \end{pmatrix} = \begin{pmatrix} t \\ \dfrac{7}{3}t - \dfrac{5}{3} \end{pmatrix}$ である.

(2) ① $\begin{pmatrix} 2 & -1 \\ 3 & -2 \end{pmatrix}\begin{pmatrix} x \\ y \end{pmatrix} = \begin{pmatrix} 3 \\ 4 \end{pmatrix}$　② $\begin{pmatrix} 2 & -1 \\ 3 & -2 \end{pmatrix}$

③ $\begin{pmatrix} 2 & -1 \\ 3 & -2 \end{pmatrix}\begin{pmatrix} 2 & -1 \\ 3 & -2 \end{pmatrix}\begin{pmatrix} x \\ y \end{pmatrix} = \begin{pmatrix} 2 & -1 \\ 3 & -2 \end{pmatrix}\begin{pmatrix} 3 \\ 4 \end{pmatrix}$ より $\begin{pmatrix} x \\ y \end{pmatrix} = \begin{pmatrix} 2 \\ 1 \end{pmatrix}$

(3) ① $\begin{pmatrix} 1 & 2 \\ 3 & 6 \end{pmatrix}\begin{pmatrix} x \\ y \end{pmatrix} = \begin{pmatrix} 3 \\ 9 \end{pmatrix}$

これは逆行列が存在せず，パラメーターを指定して解くと $\begin{pmatrix} x \\ y \end{pmatrix} = \begin{pmatrix} 3 - 2t \\ t \end{pmatrix}$

である．

(4) ① 問題の左の方程式の未知数を $\begin{pmatrix} x_1 \\ y_1 \end{pmatrix}$，右の方程式の未知数を $\begin{pmatrix} x_2 \\ y_2 \end{pmatrix}$ とする

と，$\begin{pmatrix} 1 & 5 \\ 2 & -1 \end{pmatrix}\begin{pmatrix} x_1 & x_2 \\ y_1 & y_2 \end{pmatrix} = \begin{pmatrix} 6 & -3 \\ 1 & 5 \end{pmatrix}$　② $\dfrac{1}{11}\begin{pmatrix} 1 & 5 \\ 2 & -1 \end{pmatrix}$

③ $\dfrac{1}{11}\begin{pmatrix} 1 & 5 \\ 2 & -1 \end{pmatrix}\begin{pmatrix} 1 & 5 \\ 2 & -1 \end{pmatrix}\begin{pmatrix} x_1 & x_2 \\ y_1 & y_2 \end{pmatrix} = \dfrac{1}{11}\begin{pmatrix} 1 & 5 \\ 2 & -1 \end{pmatrix}\begin{pmatrix} 6 & -3 \\ 1 & 5 \end{pmatrix}$ より，

$\begin{pmatrix} x_1 & x_2 \\ y_1 & y_2 \end{pmatrix} = \dfrac{1}{11}\begin{pmatrix} 1 & 5 \\ 2 & -1 \end{pmatrix}\begin{pmatrix} 6 & -3 \\ 1 & 5 \end{pmatrix}$ となって，$\begin{pmatrix} x_1 & x_2 \\ y_1 & y_2 \end{pmatrix} = \begin{pmatrix} 1 & 2 \\ 1 & -1 \end{pmatrix}$

(5) ① 問題の左の方程式の未知数を $\begin{pmatrix} x_1 \\ y_1 \end{pmatrix}$，真ん中の方程式の未知数を $\begin{pmatrix} x_2 \\ y_2 \end{pmatrix}$，

右側の方程式の未知数を $\begin{pmatrix} x_3 \\ y_3 \end{pmatrix}$ とすると，$\begin{pmatrix} 2 & -3 \\ 3 & 1 \end{pmatrix}\begin{pmatrix} x_1 & x_2 & x_3 \\ y_1 & y_2 & y_3 \end{pmatrix} =$

$\begin{pmatrix} 5 & -1 & 4 \\ -4 & 4 & 6 \end{pmatrix}$

② $\dfrac{1}{11}\begin{pmatrix} 1 & 3 \\ -3 & 2 \end{pmatrix}$

③ $\dfrac{1}{11}\begin{pmatrix} 1 & 3 \\ -3 & 2 \end{pmatrix}\begin{pmatrix} 2 & -3 \\ 3 & 1 \end{pmatrix}\begin{pmatrix} x_1 & x_2 & x_3 \\ y_1 & y_2 & y_3 \end{pmatrix} = \dfrac{1}{11}\begin{pmatrix} 1 & 3 \\ -3 & 2 \end{pmatrix}\begin{pmatrix} 5 & -1 & 4 \\ -4 & 4 & 6 \end{pmatrix}$

より，$\begin{pmatrix} x_1 & x_2 & x_3 \\ y_1 & y_2 & y_3 \end{pmatrix} = \dfrac{1}{11}\begin{pmatrix} 1 & 3 \\ -3 & 2 \end{pmatrix}\begin{pmatrix} 5 & -1 & 4 \\ 2 & 4 & 6 \end{pmatrix} = \begin{pmatrix} 1 & 1 & 2 \\ -1 & 1 & 0 \end{pmatrix}$

である．

2-2

(1) $\dfrac{1}{26}\begin{pmatrix} 2 & 3 \\ -8 & 1 \end{pmatrix}$　(2) $\dfrac{1}{4}\begin{pmatrix} 1 & -2 & 3 \\ -2 & 4 & -2 \\ 3 & -2 & 1 \end{pmatrix}$

(3) 逆行列は存在しない．ランクは，2 である．

2-3

与えられた行列を掃き出し法で整理してゆくと，$\begin{pmatrix} 1 & 0 & 0 \\ 0 & 1 & 0 \\ 0 & 0 & \lambda^2+1 \end{pmatrix}$ となる．した

がって，与えられた行列が正則でない条件は，$\lambda^2+1=0$ であるから，$\lambda=\pm i$ のとき
に正則ではないことになる．

2-4

$$\begin{pmatrix} 0 & 0 & 0 \\ 2 & 0 & 0 \\ 0 & 2 & 0 \end{pmatrix}\begin{pmatrix} a & b & c \\ d & e & f \\ g & h & i \end{pmatrix}=\begin{pmatrix} a & b & c \\ d & e & f \\ g & h & i \end{pmatrix}\begin{pmatrix} 0 & 0 & 0 \\ 2 & 0 & 0 \\ 0 & 2 & 0 \end{pmatrix}$$ となるように $a \sim i$ を

定めればよいので，計算してみると，$b=c=f=0, a=e=i, d=h$ が条件であるこ

とがわかる．よって，$\begin{pmatrix} a & 0 & 0 \\ d & a & 0 \\ 0 & d & a \end{pmatrix}$ である．

2-5

$$\begin{pmatrix} a & b \\ c & d \end{pmatrix}\begin{pmatrix} a & b \\ c & d \end{pmatrix}=\begin{pmatrix} a^2+bc & ab+bd \\ ca+dc & cb+d^2 \end{pmatrix}, -(a+b)\begin{pmatrix} a & b \\ c & d \end{pmatrix}=-\begin{pmatrix} a^2+ab & ab+b^2 \\ ac+bc & ad+bd \end{pmatrix},$$

$$(ad-bc)E=\begin{pmatrix} ad-bc & 0 \\ 0 & ad-bc \end{pmatrix}$$

したがって，確かに

$$\begin{pmatrix} a^2+bc & ab+bd \\ ca+dc & cb+d^2 \end{pmatrix}-\begin{pmatrix} a^2+ab & ab+b^2 \\ ac+bc & ad+bd \end{pmatrix}+\begin{pmatrix} ad-bc & 0 \\ 0 & ad-bc \end{pmatrix}=O$$

である．

第 3 章

問 3.1　　p.41

(1) $\begin{vmatrix} a_{11} & a_{12} & a_{13} \\ a_{21} & a_{22} & a_{23} \\ a_{31} & a_{32} & a_{33} \end{vmatrix}=(-1)^2\,a_{11}\begin{vmatrix} a_{22} & a_{23} \\ a_{32} & a_{33} \end{vmatrix}+(-1)^3\,a_{21}\begin{vmatrix} a_{12} & a_{13} \\ a_{32} & a_{33} \end{vmatrix}+(-1)^4\,a_{31}\begin{vmatrix} a_{12} & a_{13} \\ a_{22} & a_{23} \end{vmatrix}$

$= a_{11}(a_{22}a_{33}-a_{23}a_{32})-a_{21}(a_{12}a_{33}-a_{13}a_{32})+a_{31}(a_{12}a_{23}-a_{13}a_{22})$

$= a_{11}a_{22}a_{33}+a_{21}a_{13}a_{32}+a_{31}a_{12}a_{23}-a_{11}a_{23}a_{32}-a_{21}a_{12}a_{33}-a_{31}a_{13}a_{22}$

以下，煩雑さを避けるために，最終的な展開式までは示さず，各要素による展
開式を提示するに留める．最終形への計算は各自で行ってほしい．もちろん，結
果は，すべて同じである．

(2) $\begin{vmatrix} a_{11} & a_{12} & a_{13} \\ a_{21} & a_{22} & a_{23} \\ a_{31} & a_{32} & a_{33} \end{vmatrix}=(-1)^4\,a_{31}\begin{vmatrix} a_{12} & a_{13} \\ a_{22} & a_{23} \end{vmatrix}+(-1)^5\,a_{32}\begin{vmatrix} a_{11} & a_{13} \\ a_{21} & a_{23} \end{vmatrix}+(-1)^6\,a_{33}\begin{vmatrix} a_{11} & a_{12} \\ a_{21} & a_{22} \end{vmatrix}$

(3) $\begin{vmatrix} a_{11} & a_{12} & a_{13} \\ a_{21} & a_{22} & a_{23} \\ a_{31} & a_{32} & a_{33} \end{vmatrix} = (-1)^3 a_{12} \begin{vmatrix} a_{21} & a_{23} \\ a_{31} & a_{33} \end{vmatrix} + (-1)^4 a_{22} \begin{vmatrix} a_{11} & a_{13} \\ a_{31} & a_{33} \end{vmatrix} + (-1)^5 a_{32} \begin{vmatrix} a_{11} & a_{13} \\ a_{21} & a_{23} \end{vmatrix}$

問 3.2　　p.41

(1) $|A| = (-1)^4 a_{31} \begin{vmatrix} a_{12} & a_{13} & a_{14} \\ a_{22} & a_{23} & a_{24} \\ a_{42} & a_{43} & a_{44} \end{vmatrix} + (-1)^5 a_{32} \begin{vmatrix} a_{11} & a_{13} & a_{14} \\ a_{21} & a_{23} & a_{24} \\ a_{41} & a_{43} & a_{44} \end{vmatrix} + (-1)^6 a_{33} \begin{vmatrix} a_{11} & a_{12} & a_{14} \\ a_{21} & a_{22} & a_{24} \\ a_{41} & a_{42} & a_{44} \end{vmatrix} + (-1)^7 a_{34} \begin{vmatrix} a_{11} & a_{12} & a_{13} \\ a_{21} & a_{22} & a_{23} \\ a_{41} & a_{42} & a_{43} \end{vmatrix}$

　　　展開後の 3 行 3 列の行列式はまた適当な行や列で展開してもよいし，サラスの
方法で計算してもよい．最終形は省略する．

(2) $|A| = (-1)^3 a_{12} \begin{vmatrix} a_{21} & a_{23} & a_{24} \\ a_{31} & a_{33} & a_{34} \\ a_{41} & a_{43} & a_{44} \end{vmatrix} + (-1)^4 a_{22} \begin{vmatrix} a_{11} & a_{13} & a_{14} \\ a_{31} & a_{33} & a_{34} \\ a_{41} & a_{43} & a_{44} \end{vmatrix} + (-1)^5 a_{32} \begin{vmatrix} a_{11} & a_{13} & a_{14} \\ a_{21} & a_{23} & a_{24} \\ a_{41} & a_{43} & a_{44} \end{vmatrix} + (-1)^6 a_{42} \begin{vmatrix} a_{11} & a_{13} & a_{14} \\ a_{21} & a_{23} & a_{24} \\ a_{31} & a_{33} & a_{34} \end{vmatrix}$

問 3.3　　p.42

(1) 66　　(2) -68

(3) 0 の要素が 2 つある 1 列目の要素で展開すると楽である．すると，0 である．

問 3.4　　p.43

(1) クラメルの公式に入れて，$x = 2, y = 1, z = 2$ である．

(2) クラメルの公式に入れて，$x = 1, y = 2, z = 1$ である．

練習問題　　p.48

3-1

(1) 2　　(2) 15　　(3) 5　　(4) 0　　(5) 30　　(6) -108

3-2

それぞれクラメルの公式に入れて，

(1) $\begin{pmatrix} x \\ y \end{pmatrix} = \begin{pmatrix} 2 \\ 1 \end{pmatrix}$, (2) $\begin{pmatrix} x \\ y \\ z \end{pmatrix} = \begin{pmatrix} 3 \\ 2 \\ 1 \end{pmatrix}$, (3) $\begin{pmatrix} x \\ y \end{pmatrix} = \begin{pmatrix} 1 \\ 2 \end{pmatrix}$, (4) $\begin{pmatrix} x \\ y \\ z \end{pmatrix} = \begin{pmatrix} 1 \\ 2 \\ -1 \end{pmatrix}$,

(5) $\begin{pmatrix} x \\ y \\ z \\ w \end{pmatrix} = \begin{pmatrix} 1 \\ 1 \\ 1 \\ 1 \end{pmatrix}$ である．

3-3

それぞれクラメルの公式に入れて計算し，結果は p.152 の問 2.6 の答をみよ．

第 4 章

問 4.1　　p.65

(1) $\boldsymbol{a} \cdot \boldsymbol{b} = a_x b_x + a_y b_y$, $|\boldsymbol{a}| = \sqrt{a_x^2 + a_y^2}$, $|\boldsymbol{b}| = \sqrt{b_x^2 + b_y^2}$ より，$\cos\theta = $

$$\frac{a_x b_x + a_y b_y}{\sqrt{a_x^2 + a_y^2}\sqrt{b_x^2 + b_y^2}}$$

(2) そのまま内積を規則通りにとれば確かに内積は 0 となる.

問 4.2　　p.66

(1) 2 つのベクトルのなす角度を θ とすると, $\cos\theta = \dfrac{\boldsymbol{a} \cdot \boldsymbol{b}}{|\boldsymbol{a}||\boldsymbol{b}|}$ なのだから, 問題の具体的な数字を入れると $\cos\theta = \dfrac{1}{\sqrt{\dfrac{4}{9}}\sqrt{9}} = \dfrac{1}{2}$ となる. したがって, 角度 θ は $\dfrac{\pi}{3}$ である.

　以下の解答は $\cos\theta$ の値を示すところから記す.

(2) $\cos\theta = \dfrac{1}{2}$, したがって, 角度 θ は $\dfrac{\pi}{3}$ である.

(3) $\cos\theta = 0$, したがって, 2 つのベクトルは直行している (角度 θ は $\dfrac{\pi}{2}$ である).

(4) $\cos\theta = \dfrac{-2}{\sqrt{14}}$ これは意図的に角度を簡単に確定できない数字となるようにしておいた. がしかし, 角度を求めよ, と言われた場合は, やはり, 2 つのベクトルのなす角度 θ のコサインが斯く斯く然々の値となるような角度, と回答するのが適当であろう. ちなみに, どうしても角度で示せということなら, 逆関数を用いて, $\theta = \cos^{-1}\left(\dfrac{-2}{\sqrt{14}}\right)$ とするのが適当であろう.

問 4.3　　p.67

実際に計算してみれば明らかである. 本問は, 実際に計算して正負が逆転したら正解であるので, 具体的な結果は記載しない.

なお, 第 3 章の行列式の性質≪性質 2≫ (p.46) によると, 行を入れ換えると符号が逆転するのだから, この場合, ベクトルの向きが逆転することも明らかである.

問 4.4　　p.68

(1) 図より $\sin\theta = \dfrac{h}{|\boldsymbol{a}|}$ なのだから, $h = |\boldsymbol{a}|\sin\theta$ である.

(2) $S = \dfrac{1}{2}|\boldsymbol{b}|h$ である. よって, $S = \dfrac{1}{2}|\boldsymbol{a}||\boldsymbol{b}|\sin\theta$ である. $\sin^2\theta = 1 - \cos^2\theta$ より, $\sin\theta = \sqrt{1 - \left(\dfrac{\boldsymbol{a}\cdot\boldsymbol{b}}{|\boldsymbol{a}||\boldsymbol{b}|}\right)^2} = \sqrt{\dfrac{(|\boldsymbol{a}||\boldsymbol{b}|)^2 - (\boldsymbol{a}\cdot\boldsymbol{b})^2}{(|\boldsymbol{a}||\boldsymbol{b}|)^2}}$ なので, $S = \dfrac{1}{2}\sqrt{(|\boldsymbol{a}||\boldsymbol{b}|)^2 - (\boldsymbol{a}\cdot\boldsymbol{b})^2}$ となる.

(3) $|\boldsymbol{a}| = \sqrt{a_x^2 + a_y^2}$, $|\boldsymbol{b}| = \sqrt{b_x^2 + b_y^2}$, $\boldsymbol{a}\cdot\boldsymbol{b} = a_x b_x + a_y b_y$ を $S = \dfrac{1}{2}\sqrt{(|\boldsymbol{a}||\boldsymbol{b}|)^2 - (\boldsymbol{a}\cdot\boldsymbol{b})^2}$ に入れて整理すると, $S = \dfrac{1}{2}(a_x b_y - a_y b_x) = \dfrac{1}{2}\begin{vmatrix} a_x & a_y \\ b_x & b_y \end{vmatrix}$ である.

問 4.5　　p.69

(1) $\boldsymbol{c} = \begin{vmatrix} \boldsymbol{i} & \boldsymbol{j} & \boldsymbol{k} \\ a_x & a_y & 0 \\ b_x & b_y & 0 \end{vmatrix} = (a_x b_y - a_y b_x)\,\boldsymbol{k}$

(2) $|\boldsymbol{c}| = a_x b_y - a_y b_x$

ベクトル $\boldsymbol{a}$ と $\boldsymbol{b}$ が作る三角形の面積は $S = \dfrac{1}{2}(a_x b_y - a_y b_x) = \dfrac{1}{2}\begin{vmatrix} a_x & a_y \\ b_x & b_y \end{vmatrix}$

だったので，$|\boldsymbol{c}|$ はベクトル $\boldsymbol{a}$ と $\boldsymbol{b}$ が作る三角形の面積の 2 倍である.

練習問題　　p.73

4-1

(1) ① $-\dfrac{3}{\sqrt{2}}$　② 両者のなす角度を θ とすると，$\cos\theta = \dfrac{\boldsymbol{a}\cdot\boldsymbol{b}}{|\boldsymbol{a}|\,|\boldsymbol{b}|}$ なのだから，

$\cos\theta = \dfrac{-\dfrac{3}{\sqrt{2}}}{3} = -\dfrac{1}{\sqrt{2}}$ となって，$\theta = \dfrac{3}{4}\pi$ である．したがって，両者のなす

角度は $\dfrac{\pi}{4}$ である（言葉の常用法として角度がマイナスとは言わないだろうから

あえてマイナスを取って答えとしておいた）.　③ $S = \dfrac{3}{2\sqrt{2}}$

(2) ① 3　② $\cos\theta = \dfrac{3}{\sqrt{3}\sqrt{5}} = \dfrac{3}{\sqrt{15}}$　③ $S = \dfrac{\sqrt{6}}{2}$

(3) ① $-2 - 2\sqrt{3}$　② $\cos\theta = \dfrac{-1-\sqrt{3}}{2\sqrt{2}}$　③ $S = \sqrt{3} - 1$

(4) ① -4　② $\cos\theta = -1$ なので，両者のなす角度は，π である．つまり，両者
は反対方向を向いた平行状態（反平行）にある．③ したがって，両者は面積を形
作ることはできない.

(5) ① 3　② $\cos\theta = \dfrac{3}{2\sqrt{3}} = \dfrac{\sqrt{3}}{2}$ となって，$\theta = \dfrac{\pi}{6}$ である．したがって，両
者のなす角度は，$\dfrac{\pi}{6}$ である．③ $S = \dfrac{\sqrt{3}}{2}$

4-2

(1) ① $\boldsymbol{a}\times\boldsymbol{b} = \begin{vmatrix} \boldsymbol{i} & \boldsymbol{j} & \boldsymbol{k} \\ 2 & 0 & 0 \\ 1 & 0 & 2 \end{vmatrix} = -4\boldsymbol{j} = \begin{pmatrix} 0 & -4 & 0 \end{pmatrix}$　② 平行四辺形の面積は，

定義から $|\boldsymbol{a}\times\boldsymbol{b}|$ なのだから，$|-4\boldsymbol{j}| = 4$ である.

(2) ① これらのベクトルは x–y 平面上にあるのだから $\boldsymbol{a} = \begin{pmatrix} 1 \\ 2 \\ 0 \end{pmatrix}, \boldsymbol{b} = \begin{pmatrix} -1 \\ -2 \\ 0 \end{pmatrix}$ と

見なすと, $|\boldsymbol{a} \times \boldsymbol{b}| = \begin{vmatrix} \boldsymbol{i} & \boldsymbol{j} & \boldsymbol{k} \\ 1 & 2 & 0 \\ -1 & -2 & 0 \end{vmatrix} = 0$ である. ——あるいは, これらのベクト

ルは反対側を向いており, 反平行なので独立ではなくて行列式は 0 となる. した
がって ② 平行四辺形を形作ることができない.

(3) ① $|\boldsymbol{a} \times \boldsymbol{b}| = \begin{vmatrix} \boldsymbol{i} & \boldsymbol{j} & \boldsymbol{k} \\ 1 & 1 & 2 \\ 0 & -1 & 3 \end{vmatrix} = 5\boldsymbol{i} - 3\boldsymbol{j} - \boldsymbol{k} = \begin{pmatrix} 5 \\ -3 \\ -1 \end{pmatrix}$. なお, 元の 2 つの

ベクトルが列ベクトルで書かれているので要素表現でも列ベクトルで表記して
おいた (ここでは列ベクトルと行ベクトルを本質的に区別はしていない). ②
$S = \sqrt{25 + 9 + 1} = \sqrt{35}$

(4) ① $|\boldsymbol{a} \times \boldsymbol{b}| = \begin{vmatrix} \boldsymbol{i} & \boldsymbol{j} & \boldsymbol{k} \\ 1 & 1 & -1 \\ 0 & 1 & -2 \end{vmatrix} = -\boldsymbol{i} + \boldsymbol{j} + \boldsymbol{k} = \begin{pmatrix} -1 & 2 & 1 \end{pmatrix}$ これは元の 2 つの

ベクトルが行ベクトルで書かれていたのでそれに合わせて行ベクトルで表示した.
② $S = \sqrt{1 + 4 + 1} = \sqrt{6}$

(5) ① $\boldsymbol{a} = \begin{pmatrix} -1 & 1 \end{pmatrix}, \boldsymbol{b} = \begin{pmatrix} 2 & 1 \end{pmatrix}$ は, x–y 平面上のあるベクトルなので, これ
を (2) で行ったように, 3 次元で $\boldsymbol{a} = \begin{pmatrix} -1 & 1 & 0 \end{pmatrix}, \boldsymbol{b} = \begin{pmatrix} 2 & 1 & 0 \end{pmatrix}$ とする

と (みなすと), 外積は, $|\boldsymbol{a} \times \boldsymbol{b}| = \begin{vmatrix} \boldsymbol{i} & \boldsymbol{j} & \boldsymbol{k} \\ 1 & 1 & 0 \\ 2 & 1 & 0 \end{vmatrix} = -\boldsymbol{k} = \begin{pmatrix} 0 & 0 & -1 \end{pmatrix}$ であり,

② 面積は $S = 1$ である.

4-3

(1) $\boldsymbol{a} \cdot \boldsymbol{b} = |\boldsymbol{a}| |\boldsymbol{b}| \cos\theta$ なのだから, $|\boldsymbol{a} \cdot \boldsymbol{b}| \leqq |\boldsymbol{a}| |\boldsymbol{b}|$ は, $|\boldsymbol{a} \cdot \boldsymbol{b}| = |\boldsymbol{a}| |\boldsymbol{b}| |\cos\theta|$ と
して, $|\boldsymbol{a}| |\boldsymbol{b}| |\cos\theta| \leqq |\boldsymbol{a}| |\boldsymbol{b}|$ となって, $|\cos\theta| \leqq 1$ である. ところで, $-1 \leqq$
$\cos\theta \leqq 1$ なのだから, $|\cos\theta| \leqq 1$ であり, 結局は, $|\boldsymbol{a} \cdot \boldsymbol{b}| \leqq |\boldsymbol{a}| |\boldsymbol{b}|$ である.

(2) $|\boldsymbol{a} + \boldsymbol{b}| \leqq |\boldsymbol{a}| + |\boldsymbol{b}|$ の両辺を 2 乗すると, $|\boldsymbol{a}|^2 + 2 |\boldsymbol{a} \cdot \boldsymbol{b}| + |\boldsymbol{b}|^2 \leqq |\boldsymbol{a}|^2 + 2 |\boldsymbol{a}| |\boldsymbol{b}| +$
$|\boldsymbol{b}|^2$ であり, 整理すると, コーシー・シュワルツの不等式 $|\boldsymbol{a} \cdot \boldsymbol{b}| \leqq |\boldsymbol{a}| |\boldsymbol{b}|$ となっ
て題意は示された.

4-4

(1) $|\boldsymbol{v}|^2 = (\boldsymbol{a} \cos\theta + \boldsymbol{b} \sin\theta)^2 = |\boldsymbol{a}|^2 \cos^2\theta + |\boldsymbol{b}|^2 \sin^2\theta + 2 |\boldsymbol{a} \cdot \boldsymbol{b} \cos\theta \sin\theta|$ で
あるが, ベクトル $\boldsymbol{a}$ とベクトル $\boldsymbol{b}$ が直交するのだから, 内積は $\boldsymbol{a} \cdot \boldsymbol{b} = 0$ で,
$|\boldsymbol{a}| = \sqrt{2}, |\boldsymbol{b}| = 1$ であることを用いると, $|\boldsymbol{v}|^2 = 2 \cos^2\theta + \sin^2\theta = \cos^2\theta + 1$

となって（$\sin^2\theta = 1 - \cos^2\theta$ を用いた），問題は，この最大値を求める問題へと還元される．$0 \leqq \cos^2\theta \leqq 1$ なのだから，$\theta = 0, \pi$ で $\cos^2\theta$ は最大値 1 となるので，$|\boldsymbol{v}|^2$ の最大値は，$\theta = 0, \pi$ のときに 2 となる．

(2) $\boldsymbol{a} \cdot \boldsymbol{b} = \sqrt{6}\cos\theta$ なので，$f(\theta) = 6\cos^2\theta + 2\sqrt{6}\cos\theta + 1$ である．

  ① $\boldsymbol{a} \perp \boldsymbol{b}$ のとき，$\theta = \dfrac{\pi}{2}$ で $\cos^2\theta = \cos\theta = 0$ なのだから，$f\left(\dfrac{\pi}{2}\right) = 1$ である．

    $\boldsymbol{a}/\!/\boldsymbol{b}$ のとき，$\theta = 0$ で，$\cos^2\theta = \cos\theta = 1$ なのだから，$f(0) = 7 + 2\sqrt{6}$ である．なお，$\theta = \pi$ のときも同じ結果となるが，これは平行ではなく反平行（互いに逆向きのベクトル）である．

  ② $\cos\theta = X$ とすると，$-1 \leqq X \leqq 1$ の範囲で，$f(X) = 6X^2 + 2\sqrt{6}X + 1$ の最大値・最小値を求める問題となる．すると，$f'(X) = 12X + 2\sqrt{6}$ で極値は，$X = -\dfrac{\sqrt{6}}{6}$ で $f\left(-\dfrac{\sqrt{6}}{6}\right) = 0$，範囲の両端は，それぞれ $f(-1) = 7 - 2\sqrt{6}$，$f(1) = 7 + 2\sqrt{6}$ なのだから，最小値は，$X = -\dfrac{\sqrt{6}}{6}$ のときに 0，最大値は，$X = 1$ のときに $7 + 2\sqrt{6}$ である．

4-5

2 つのベクトルを $\boldsymbol{a} = \begin{pmatrix} a_x & a_y \end{pmatrix}$，$\boldsymbol{b} = \begin{pmatrix} b_x & b_y \end{pmatrix}$ とすると，両者が直交しているということは，内積をとって $a_x b_x + a_y b_y = 0$ である．

また，直交する直線の傾きを掛け合わせると -1 になるということは，$\dfrac{a_y}{a_x} \times \dfrac{b_y}{b_x} = -1$ で，$a_x b_x = -a_y b_y$ である．ということは，確かに $a_x b_x + a_y b_y = 0$ である．

第 5 章

問 5.1　　p.81

(1) ①

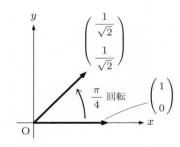

すなわち, $\begin{pmatrix} x \\ y \end{pmatrix} = \begin{pmatrix} \dfrac{1}{\sqrt{2}} \\ \dfrac{1}{\sqrt{2}} \end{pmatrix}$

② 角度 $\dfrac{\pi}{4}$ の回転行列は, $\begin{pmatrix} \cos\dfrac{\pi}{4} & -\sin\dfrac{\pi}{4} \\ \sin\dfrac{\pi}{4} & \cos\dfrac{\pi}{4} \end{pmatrix} = \dfrac{1}{\sqrt{2}} \begin{pmatrix} 1 & -1 \\ 1 & 1 \end{pmatrix}$ なので,

$\dfrac{1}{\sqrt{2}} \begin{pmatrix} 1 & -1 \\ 1 & 1 \end{pmatrix} \begin{pmatrix} 1 \\ 0 \end{pmatrix} = \dfrac{1}{\sqrt{2}} \begin{pmatrix} 1 \\ 1 \end{pmatrix}$ となって確かに①で得た結果と同じになった.

(2) ①

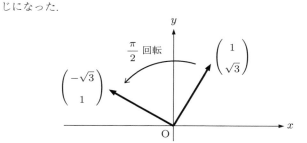

② 角度 $\dfrac{\pi}{2}$ の回転行列は, $\begin{pmatrix} \cos\dfrac{\pi}{2} & -\sin\dfrac{\pi}{2} \\ \sin\dfrac{\pi}{2} & \cos\dfrac{\pi}{2} \end{pmatrix} = \begin{pmatrix} 0 & -1 \\ 1 & 0 \end{pmatrix}$ なので,

$\begin{pmatrix} 0 & -1 \\ 1 & 0 \end{pmatrix} \begin{pmatrix} 1 \\ \sqrt{3} \end{pmatrix} = \begin{pmatrix} -\sqrt{3} \\ 1 \end{pmatrix}$ となって確かに①で得た結果と同じになった.

問 5.2　　p.83

(1) ①

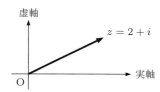

② 長さは, $|z| = \sqrt{2^2 + 1^2} = \sqrt{5}$,　③ 実数軸との角度は, $1 : 2 : \sqrt{5}$ の直角三角形の鋭角の角度となる.

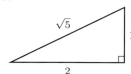

(2) ①

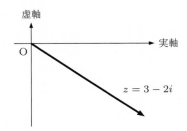

② 長さは，$\sqrt{13}$, ③ $\sin\theta = -\dfrac{2}{\sqrt{13}}$ である．

(3) ①

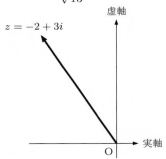

② 長さは，$\sqrt{13}$, ③ $\cos\theta = -\dfrac{2}{\sqrt{13}}$ である．

問 5.3　　p.87

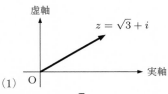

(1)

したがって実軸との角度は $\dfrac{\pi}{6}$ である．

(2) ①　$z = 1 + \sqrt{3}i = 2\left(\dfrac{1}{2} + \dfrac{\sqrt{3}}{2}i\right) = 2e^{i\pi/3}$ と書けるので，これは，2 倍して

角度 $\dfrac{\pi}{3}$ 回転させる変換に等しいはずである．

②　$\left(1 + \sqrt{3}i\right)\left(\sqrt{3} + i\right) = 4i$ である．$z = \sqrt{3} + i = 2\left(\dfrac{\sqrt{3}}{2} + \dfrac{1}{2}i\right) = 2e^{i\pi/6}$

は，長さ 2 で実数軸との角度が $\dfrac{\pi}{6}$ である．これが，掛け算の結果として $4i$

になるということは，長さが 2 倍になって角度 $\dfrac{\pi}{3}$ 回転させたことになる．

③　x-y の実数平面上で行ってみる．

角度 $\dfrac{\pi}{3}$ の回転行列は, $\begin{pmatrix} \cos\dfrac{\pi}{3} & -\sin\dfrac{\pi}{3} \\ \sin\dfrac{\pi}{3} & \cos\dfrac{\pi}{3} \end{pmatrix} = \dfrac{1}{2}\begin{pmatrix} 1 & -\sqrt{3} \\ \sqrt{3} & 1 \end{pmatrix}$ なので,

長さを 2 倍するために最初に 2 を掛けておいて, $2 \times \dfrac{1}{2}\begin{pmatrix} 1 & -\sqrt{3} \\ \sqrt{3} & 1 \end{pmatrix}\begin{pmatrix} \sqrt{3} \\ 1 \end{pmatrix}$

$= \begin{pmatrix} 0 \\ 4 \end{pmatrix}$ となる. よって, 確かに,「長さを 2 倍にして角度 $\dfrac{\pi}{3}$ 回転させる」

変換に等しいことがわかる.

問 5.4　　p.87

(1) $z = \sqrt{3} - i = 2\left(\dfrac{\sqrt{3}}{2} - \dfrac{1}{2}i\right) = 2e^{i\pi/6}$ なので, 2 倍して角度 $\dfrac{\pi}{6}$ の回転をさせ

る変換に相当する.

(2) $\begin{pmatrix} 2 & 0 \\ 2 & 2 \end{pmatrix}\begin{pmatrix} \cos\dfrac{\pi}{6} & -\sin\dfrac{\pi}{6} \\ \sin\dfrac{\pi}{6} & \cos\dfrac{\pi}{6} \end{pmatrix} = \begin{pmatrix} \sqrt{3} & -1 \\ 1 & \sqrt{3} \end{pmatrix}$ の変換である. したがって,

$\begin{pmatrix} \sqrt{3} & -1 \\ 1 & \sqrt{3} \end{pmatrix}\begin{pmatrix} -1 \\ 0 \end{pmatrix} = \begin{pmatrix} -\sqrt{3} \\ -1 \end{pmatrix}$ である.

(3) $w = -1\left(\sqrt{3} + i\right) = -\sqrt{3} - i$ したがって,(2) の結果に相当する結果となった.

練習問題　　p.98

5-1

(1) $\begin{pmatrix} 1 & 2 \\ -2 & -1 \end{pmatrix}\begin{pmatrix} 1 \\ 2 \end{pmatrix} = \begin{pmatrix} 5 \\ -4 \end{pmatrix}$ となるので, $\begin{pmatrix} 1 & 2 \end{pmatrix} \rightarrow \begin{pmatrix} 5 & -4 \end{pmatrix}$ と変換する.

なお, 本問では列ベクトルと行ベクトルを区別していない.

(2) $\begin{pmatrix} 1 & 2 \\ -2 & -1 \end{pmatrix}\begin{pmatrix} -2 \\ 1 \end{pmatrix} = \begin{pmatrix} 0 \\ 3 \end{pmatrix}$ となるので, $\begin{pmatrix} -2 & 1 \end{pmatrix} \rightarrow \begin{pmatrix} 0 & 3 \end{pmatrix}$ と変換する.

5-2

(1) 回転行列は, $\begin{pmatrix} \cos\dfrac{5}{6}\pi & -\sin\dfrac{5}{6}\pi \\ \sin\dfrac{5}{6}\pi & \cos\dfrac{5}{6}\pi \end{pmatrix} = \dfrac{1}{2}\begin{pmatrix} -\sqrt{3} & -1 \\ 1 & -\sqrt{3} \end{pmatrix}$ である.

(2) $\dfrac{1}{2}\begin{pmatrix} -\sqrt{3} & -1 \\ 1 & -\sqrt{3} \end{pmatrix}\begin{pmatrix} 1 \\ -2 \end{pmatrix} = \dfrac{1}{2}\begin{pmatrix} -\sqrt{3}+2 \\ 1+2\sqrt{3} \end{pmatrix}$ へと回転される.

(3) $\dfrac{1}{4}\pi$ 回転は, $\begin{pmatrix} \cos\dfrac{\pi}{4} & -\sin\dfrac{\pi}{4} \\ \sin\dfrac{\pi}{4} & \cos\dfrac{\pi}{4} \end{pmatrix} = \dfrac{1}{\sqrt{2}}\begin{pmatrix} 1 & -1 \\ 1 & 1 \end{pmatrix}$ である. 本問中に書か

れたヒントから「角度 $\frac{13}{12}\pi$ 回転は，角度 $\frac{5}{6}\pi$ 回転させてから角度 $\frac{1}{4}\pi$ 回転させることに等しい」のだから，$R\left(\frac{13}{12}\pi\right) = R\left(\frac{\pi}{4}\right) R\left(\frac{5}{6}\pi\right)$ である．すなわち，

$$\frac{1}{\sqrt{2}}\begin{pmatrix} 1 & -1 \\ 1 & 1 \end{pmatrix}\left[\frac{1}{2}\begin{pmatrix} -\sqrt{3} & -1 \\ 1 & -\sqrt{3} \end{pmatrix}\right]$$ である．したがって，

$$\frac{1}{\sqrt{2}}\begin{pmatrix} 1 & -1 \\ 1 & 1 \end{pmatrix}\left[\frac{1}{2}\begin{pmatrix} -\sqrt{3} & -1 \\ 1 & -\sqrt{3} \end{pmatrix}\right]\begin{pmatrix} 1 \\ -2 \end{pmatrix} = \frac{1}{2\sqrt{2}}\begin{pmatrix} 1 & -1 \\ 1 & 1 \end{pmatrix}\begin{pmatrix} -\sqrt{3}+2 \\ 1+2\sqrt{3} \end{pmatrix}$$

$$= \frac{1}{2\sqrt{2}}\begin{pmatrix} -3\sqrt{3}+1 \\ \sqrt{3}+3 \end{pmatrix} = \begin{pmatrix} \dfrac{-3\sqrt{3}+1}{2\sqrt{2}} \\ \dfrac{\sqrt{3}+3}{2\sqrt{2}} \end{pmatrix}$$

である．なお，回転の先後は交換可能だから，$R\left(\frac{13}{12}\pi\right) = R\left(\frac{5}{6}\pi\right) R\left(\frac{\pi}{4}\right)$ としてもよい．

5-3

角度 $\alpha + \beta$ 回転させるということは，角度 α 回転させてから角度 β 回転させる変換とイコールのはずであるから，

$$\begin{pmatrix} \cos(\alpha+\beta) & -\sin(\alpha+\beta) \\ \sin(\alpha+\beta) & \cos(\alpha+\beta) \end{pmatrix} = \begin{pmatrix} \cos\alpha & -\sin\alpha \\ \sin\alpha & \cos\alpha \end{pmatrix}\begin{pmatrix} \cos\beta & -\sin\beta \\ \sin\beta & \cos\beta \end{pmatrix}$$

である．右辺を計算すると，

$$\begin{pmatrix} \cos(\alpha+\beta) & -\sin(\alpha+\beta) \\ \sin(\alpha+\beta) & \cos(\alpha+\beta) \end{pmatrix} = \begin{pmatrix} \cos\alpha\cos\beta - \sin\alpha\sin\beta & -\cos\alpha\sin\beta - \sin\alpha\cos\beta \\ \sin\alpha\cos\beta + \cos\alpha\sin\beta & -\sin\alpha\sin\beta + \cos\alpha\sin\alpha \end{pmatrix}$$

なのだから，

$$\begin{cases} \cos(\alpha+\beta) = \cos\alpha\cos\beta - \sin\alpha\sin\beta \\ \sin(\alpha+\beta) = \sin\cos\beta + \cos\alpha\sin\beta \end{cases}$$

となって，これは三角関数の加法定理である．

5-4

(1) 角度 θ の回転を n 回繰り返すということは，角度 $n\theta$ の回転を行うことと同値である．すなわち，$\begin{pmatrix} \cos\theta & -\sin\theta \\ \sin\theta & \cos\theta \end{pmatrix}^n = \begin{pmatrix} \cos(n\theta) & -\sin(n\theta) \\ \sin(n\theta) & \cos(n\theta) \end{pmatrix}$ である．

(2) $e^{i\theta} = \cos\theta + i\sin\theta$ ならば，$e^{in\theta} = \cos(n\theta) + i\sin(n\theta)$ である（$\theta \to n\theta$ と置き換えた）．さらに，$\left(e^{i\theta}\right)^n = e^{in\theta}$ なのだから，$\left(e^{i\theta}\right)^n = \cos(n\theta) + i\sin(n\theta)$ である．ということは，

$$\begin{pmatrix} \cos\theta & -\sin\theta \\ \sin\theta & \cos\theta \end{pmatrix}^n = \begin{pmatrix} \cos(n\theta) & -\sin(n\theta) \\ \sin(n\theta) & \cos(n\theta) \end{pmatrix}$$

である（複素数とベクトル変換のアナロジーから）．

5-5

(1) それぞれ，

$$R_x\left(\theta\right)=\begin{pmatrix}1 & 0 & 0\\ 0 & \cos\theta & -\sin\theta\\ 0 & \sin\theta & \cos\theta\end{pmatrix}, R_y\left(\theta\right)=\begin{pmatrix}\cos\theta & 0 & -\sin\theta\\ 0 & 1 & 0\\ \sin\theta & 0 & \cos\theta\end{pmatrix}, R_z\left(\theta\right)=\begin{pmatrix}\cos\theta & -\sin\theta & 0\\ \sin\theta & \cos\theta & 0\\ 0 & 0 & 1\end{pmatrix}$$

である．

(2) たとえば，$R_x\left(\theta\right)R_z\left(\theta\right)\neq R_z\left(\theta\right)R_x\left(\theta\right)$ を示せばよい（それ以外の組み合わせも同様である）．したがって，

$$\begin{pmatrix}1 & 0 & 0\\ 0 & \cos\theta & -\sin\theta\\ 0 & \sin\theta & \cos\theta\end{pmatrix}\begin{pmatrix}\cos\theta & -\sin\theta & 0\\ \sin\theta & \cos\theta & 0\\ 0 & 0 & 1\end{pmatrix}=\begin{pmatrix}\cos\theta & -\sin\theta & 0\\ \cos\theta\sin\theta & \cos^2\theta & -\sin\theta\\ \sin^2\theta & \sin\theta\cos\theta & \cos\theta\end{pmatrix}$$

$$\begin{pmatrix}\cos\theta & -\sin\theta & 0\\ \sin\theta & \cos\theta & 0\\ 0 & 0 & 1\end{pmatrix}\begin{pmatrix}1 & 0 & 0\\ 0 & \cos\theta & -\sin\theta\\ 0 & \sin\theta & \cos\theta\end{pmatrix}=\begin{pmatrix}\cos\theta & -\sin\theta\cos\theta & \sin^2\theta\\ \sin\theta & \cos^2\theta & -\cos\theta\sin\theta\\ 0 & \sin\theta & \cos\theta\end{pmatrix}$$

となり，これらは基本的に交換しない．特に，ルービックキューブの場合は，たいていは角度 $\dfrac{\pi}{2}$ の回転であるから，$\theta=\dfrac{\pi}{2}$ としてみると，それぞれ $\begin{pmatrix}0 & -1 & 0\\ 0 & 0 & -1\\ 1 & 0 & 0\end{pmatrix}$

と $\begin{pmatrix}0 & 0 & 1\\ 1 & 0 & 0\\ 0 & 1 & 0\end{pmatrix}$ となって完全に異なっていることがわかる（交換する場合は

$\theta=0$ & π の場合のみであることもまたこの表記から確認可能である）．

5-6

(1) $-1+7i$　(2) $-13-i$　(3) $\dfrac{1}{5}\left(-4+7i\right)$　(4) $\dfrac{1}{5}\left[2-\sqrt{5}-\left(1+2\sqrt{5}\right)i\right]$

(5) $-\sqrt{3}+2\sqrt{5}-\left(2+\sqrt{15}\right)i$

5-7

(1) $z=\dfrac{1}{3}+\dfrac{\sqrt{3}}{3}i=\dfrac{2}{3}\left(\dfrac{1}{2}+\dfrac{\sqrt{3}}{2}i\right)=\dfrac{2}{3}e^{i\pi/3}$ なので，$\dfrac{2}{3}$ 倍して角度 $\dfrac{\pi}{3}$ 回転させる変換に相当する．

(2) $w=\dfrac{3}{2}+\dfrac{3\sqrt{3}}{2}i=3\left(\dfrac{1}{2}+\dfrac{\sqrt{3}}{2}i\right)=3e^{i\pi/3}$ であることから，この複素ベクトルは，長さが 3 で実軸とは $\dfrac{\pi}{3}$ の角度をなす状態にある．したがって，$z=\dfrac{1}{3}+\dfrac{\sqrt{3}}{3}i$ を掛けると，長さは 2 となり，角度は実軸から $\dfrac{2}{3}\pi$ の角度の変換となるはずである．実際に行ってみると，

$$wz = \left(\frac{3}{2} + \frac{3\sqrt{3}}{2}i\right)\left(\frac{1}{3} + \frac{\sqrt{3}}{3}i\right) = -1+\sqrt{3}i = 2\left(-\frac{1}{2} + \frac{\sqrt{3}}{2}i\right) = 2e^{i2\pi/3}$$

となる．よって，確かに上記で予測した通りとなった．

5-8

(1) $z = -\dfrac{1}{\sqrt{2}} + \dfrac{1}{\sqrt{2}}i = e^{i3\pi/4}$ と書ける．したがって，複素数 $z = -\dfrac{1}{\sqrt{2}} + \dfrac{1}{\sqrt{2}}i$

を掛けるということは，複素ベクトルの長さを 1 倍にし，角度 $\dfrac{3}{4}\pi$ 回転させると

いうことである．

(2) まず，$wz = (-1-i)\left(-\dfrac{1}{\sqrt{2}} + \dfrac{1}{\sqrt{2}}i\right) = \sqrt{2}$ を確認しておく．一方，$w = $

$-1-i = \sqrt{2}\left(-\dfrac{1}{\sqrt{2}} - \dfrac{1}{\sqrt{2}}i\right) = \sqrt{2}e^{i5\pi/4}$ なので，w は長さ $\sqrt{2}$ で角度は $\dfrac{5}{4}\pi$

である．ここから角度 $\dfrac{3}{4}\pi$ 回転させると $\dfrac{5}{4}\pi + \dfrac{3}{4}\pi = 2\pi$ だから複素ベクトル

は実数軸上に回転変換され，長さも変化されないのだから実数軸上の $\sqrt{2}$ へと変

換されるとわかる．最初の計算は確かにその通りになっていることを示している．

5-9

問題文の（1）（2）という分け方に関係なく解答を提示する．

まず，買い換え前のシェアを，それぞれ x_a, x_b, x_c とし，買い換え後のシェアを

X_a, X_b, X_c とすると，

$$X_a = 0.7x_a + 0.3x_b + 0.4x_c$$

$$X_b = 0.2x_a + 0.6x_b + 0.1x_c$$

$$X_c = 0.1x_a + 0.1x_b + 0.5x_c$$

である．したがって，

$$\begin{pmatrix} X_a \\ X_b \\ X_c \end{pmatrix} = \begin{pmatrix} 0.7 & 0.3 & 0.4 \\ 0.2 & 0.6 & 0.1 \\ 0.1 & 0.1 & 0.5 \end{pmatrix} \begin{pmatrix} x_a \\ x_b \\ x_c \end{pmatrix}$$

なので，シェアの推移は，行列 $\begin{pmatrix} 0.7 & 0.3 & 0.4 \\ 0.2 & 0.6 & 0.1 \\ 0.1 & 0.1 & 0.5 \end{pmatrix}$ に依ることとなる．この行列の 10

乗を行うにあたって，まず，2 乗を求め，ここから 4 乗を求め，さらにここから 8 乗を
求め，8 乗 × 2 乗 = 10 乗としよう．——などと書いているが，筆者はじつは，数式処理
ソフトで一気に計算したのだが…．まあ，いずれにせよ，計算したとして，結果のみ
を記載すると，

$$\begin{pmatrix} 0.7 & 0.3 & 0.4 \\ 0.2 & 0.6 & 0.1 \\ 0.1 & 0.1 & 0.5 \end{pmatrix}^{10} = \begin{pmatrix} 0.5277836032 & 0.5276787456 & 0.5279408896 \\ 0.3055672064 & 0.305672064 & 0.3053050624 \\ 0.1666491904 & 0.1666491904 & 0.166754048 \end{pmatrix}$$

である.

さらに，階層を深めてゆくと（100 乗とか，1000 乗などとすると），

$$\begin{pmatrix} 0.5277777\cdots & 0.5277777\cdots & 0.5277777\cdots \\ 0.3055555\cdots & 0.3055555\cdots & 0.3055555\cdots \\ 0.1666666\cdots & 0.1666666\cdots & 0.1666666\cdots \end{pmatrix}$$

となってゆき，たとえば，$\begin{pmatrix} 0.53 & 0.53 & 0.53 \\ 0.31 & 0.31 & 0.31 \\ 0.16 & 0.16 & 0.16 \end{pmatrix}$ などと近似できる. ——単純な四捨五

入だと最終的な比が 100% にならないので適宜，数値を操作してあるが（わかると思う
が，0.17 とすべきところを 0.16 としてある），まあそこらは大雑把な議論なので許された

い！　ともあれ，このように近似してみてもよいし，もっと大胆に，$\begin{pmatrix} 0.5 & 0.5 & 0.5 \\ 0.3 & 0.3 & 0.3 \\ 0.2 & 0.2 & 0.2 \end{pmatrix}$

と近似してみてもよい. 計算が簡単なのでこちらを利用すると将来的なシェアは，

$$\begin{pmatrix} 0.5 & 0.5 & 0.5 \\ 0.3 & 0.3 & 0.3 \\ 0.2 & 0.2 & 0.2 \end{pmatrix} \begin{pmatrix} x_a \\ x_b \\ x_c \end{pmatrix} = \begin{pmatrix} 0.5\,(x_a + x_b + x_c) \\ 0.3\,(x_a + x_b + x_c) \\ 0.2\,(x_a + x_b + x_c) \end{pmatrix}$$

となって，おおよそ 5 : 3 : 2 へと収束するであろうと予測できる. これはこの数式の表
記から明らかなように，最初のシェアがどのような状態であっても必ず 5 : 3 : 2 へと近
づく，ということを意味している.

5-10

　現在の都市部の人口を x，農村部の人口を y とし，1 年後のそれをそれぞれ X と Y

とすると，$\begin{pmatrix} X \\ Y \end{pmatrix} = \begin{pmatrix} 0.9 & 0.3 \\ 0.1 & 0.7 \end{pmatrix} \begin{pmatrix} x \\ y \end{pmatrix}$ である.

　3 年後なので，求めるべきは，$\begin{pmatrix} 0.9 & 0.3 \\ 0.1 & 0.7 \end{pmatrix}^3 \begin{pmatrix} x \\ y \end{pmatrix}$ である. したがって，計算すると，

$\begin{pmatrix} 0.9 & 0.3 \\ 0.1 & 0.7 \end{pmatrix}^3 = \begin{pmatrix} 0.8040000000000002 & 0.588 \\ 0.196 & 0.4119999999999999 \end{pmatrix}$ となり，近似する

と，$\begin{pmatrix} 0.80 & 0.59 \\ 0.20 & 0.41 \end{pmatrix}$ あるいは，$\begin{pmatrix} 0.8 & 0.6 \\ 0.2 & 0.4 \end{pmatrix}$ で，$\begin{pmatrix} 0.8 & 0.6 \\ 0.2 & 0.4 \end{pmatrix} \begin{pmatrix} 1000 \\ 1000 \end{pmatrix} = \begin{pmatrix} 1400 \\ 600 \end{pmatrix}$

となることがわかる. つまり，3 年でこの程度の移動だと見積もることができる.

なお，この状況が続くと（たとえば，50 年も 100 年も続くと），行列は，$\begin{pmatrix} 0.75 & 0.75 \\ 0.25 & 0.25 \end{pmatrix}$

という形に収束しそうであることがわかる（これまた数式処理ソフトで計算してみた）．

ということは，延々と都市部が増えて農村部が減っていって，やがて農村部からほとんど

人がいなくなるのでは，などと思ってしまうが，$\begin{pmatrix} 0.75 & 0.75 \\ 0.25 & 0.25 \end{pmatrix}\begin{pmatrix} 1000 \\ 1000 \end{pmatrix} = \begin{pmatrix} 1500 \\ 500 \end{pmatrix}$

の程度へと収束しそうだ，と予測がつくのである．

なお，これについては，次章の練習問題 **6-5**（p.119）であらためて考察することに

する．

5-11

$$\begin{pmatrix} 0.2 & 0.6 & 0.2 & 0 & 0 \\ 0.9 & 0 & 0 & 0 & 0 \\ 0 & 0.8 & 0 & 0 & 0 \\ 0 & 0 & 0.7 & 0 & 0 \\ 0 & 0 & 0 & 0.6 & 0 \end{pmatrix}\begin{pmatrix} 100 \\ 100 \\ 100 \\ 100 \\ 100 \end{pmatrix} = \begin{pmatrix} 80 \\ 90 \\ 80 \\ 70 \\ 60 \end{pmatrix}$$ だったので，適当に出生率を上げて

みよう．すると，たとえば，$\begin{pmatrix} 0.4 & 0.8 & 0.3 & 0 & 0 \\ 0.9 & 0 & 0 & 0 & 0 \\ 0 & 0.8 & 0 & 0 & 0 \\ 0 & 0 & 0.7 & 0 & 0 \\ 0 & 0 & 0 & 0.6 & 0 \end{pmatrix}\begin{pmatrix} 100 \\ 100 \\ 100 \\ 100 \\ 100 \end{pmatrix} = \begin{pmatrix} 150 \\ 90 \\ 80 \\ 70 \\ 60 \end{pmatrix}$ となっ

て，こうするだけで先の場合と比べて一番上の $0 \sim 19$ までの世代で $80 \rightarrow 150$ と 70 人の

プラスとなった．しかしまだ全体の総人口では 50 人マイナスになっているので，今度は

死亡率を下げてみると，たとえば，$\begin{pmatrix} 0.4 & 0.8 & 0.3 & 0 & 0 \\ 1.0 & 0 & 0 & 0 & 0 \\ 0 & 0.9 & 0 & 0 & 0 \\ 0 & 0 & 0.85 & 0 & 0 \\ 0 & 0 & 0 & 0.75 & 0 \end{pmatrix}\begin{pmatrix} 100 \\ 100 \\ 100 \\ 100 \\ 100 \end{pmatrix} = \begin{pmatrix} 150 \\ 100 \\ 90 \\ 85 \\ 75 \end{pmatrix}$

となって，これでプラスマイナス 0 となった（変換後の総人口も 500 人である）．

では，このまま推移すると次の 20 年はどうなるかである．次は，

$$\begin{pmatrix} 0.4 & 0.8 & 0.3 & 0 & 0 \\ 1.0 & 0 & 0 & 0 & 0 \\ 0 & 0.9 & 0 & 0 & 0 \\ 0 & 0 & 0.85 & 0 & 0 \\ 0 & 0 & 0 & 0.75 & 0 \end{pmatrix}\begin{pmatrix} 150 \\ 100 \\ 90 \\ 85 \\ 75 \end{pmatrix} = \begin{pmatrix} 167 \\ 150 \\ 90 \\ 76.5 \\ 63.75 \end{pmatrix}$$ となり，総人口は，$167 + 150 +$

$90 + 76.5 + 63.75 = 547.25$ となって増加に転じるのである（ラフな議論なので小数点

以下が現れることは無視しよう）．

かくして，ものすごく当たり前の結果であるが，出生率を上げて死亡率を下げれば増

えるのである．こうしたことをさらに細かいデータで分析して，出生率が特定の世代で低下していればその原因を探り，取り除く，あるいは特定の年代や世代で死亡率が高ければそれを改善する，という施策を講じるのである．

では，一方で，男性の場合はどうなるだろうか？　この場合は子供を産まないのでものすごく単純である（悲しいかな男なんて単純なのである）．次のように死亡率のみを並べればよい．ただし，1 行 1 列目は男児の出生率である．つまり，

$$\begin{pmatrix} 1.0 & 0 & 0 & 0 & 0 \\ 0.9 & 0 & 0 & 0 & 0 \\ 0 & 0.8 & 0 & 0 & 0 \\ 0 & 0 & 0.7 & 0 & 0 \\ 0 & 0 & 0 & 0.6 & 0 \end{pmatrix}$$

のようなものである．この場合もまた，数字を操作することで増加・減少を操作できることは言うまでもない．読者が自ら試みられたし．

第 6 章

問 6.1　　p.107

第 2 式から $x = -\dfrac{3-\lambda}{2}y$ として第 1 式へ代入して整理すると，$(4-\lambda)(3-\lambda)-6 = 0$ である．これは確かに行列式 $\begin{vmatrix} 4-\lambda & 3 \\ 2 & 3-\lambda \end{vmatrix} = 0$ であり，本文中の結論と同じ結果となる．したがって，固有値と固有ベクトルの導出は本文中と同じなので省略する．

問 6.2　　p.107

(1) $\begin{vmatrix} 2-\lambda & 1 \\ 2 & 3-\lambda \end{vmatrix} = 0$ を解いて，固有値は $\lambda = 1, 4$ となる．したがって，固有ベクトルは，$\lambda = 1$ のときに $s\begin{pmatrix} 1 \\ -1 \end{pmatrix}$，$\lambda = 4$ のときに $t\begin{pmatrix} 1 \\ 2 \end{pmatrix}$ である $(s \neq 0, \ t \neq 0)$．

(2) $\begin{vmatrix} 8-\lambda & 4 \\ 2 & 6-\lambda \end{vmatrix} = 0$ を解いて，固有値は $\lambda = 10, 4$ となる．したがって，固有ベクトルは，$\lambda = 10$ のときに $s\begin{pmatrix} 1 \\ 2 \end{pmatrix}$，$\lambda = 4$ のときに $t\begin{pmatrix} 1 \\ -1 \end{pmatrix}$ である $(s \neq 0, \ t \neq 0)$．

問 6.3　　p.109

(1) 考察すべき行列は $\dfrac{1}{\sqrt{2}}\begin{pmatrix} 1 & -1 \\ 1 & 1 \end{pmatrix}$ で，$\begin{vmatrix} \dfrac{1}{\sqrt{2}} - \lambda & -\dfrac{1}{\sqrt{2}} \\ \dfrac{1}{\sqrt{2}} & \dfrac{1}{\sqrt{2}} - \lambda \end{vmatrix} = 0$ を解くと，固有値は $\lambda = \dfrac{1}{\sqrt{2}} \pm \dfrac{1}{\sqrt{2}}i$ となる．したがって，固有ベクトルは，$\lambda = \dfrac{1}{\sqrt{2}} + \dfrac{1}{\sqrt{2}}i$

のときに $s \begin{pmatrix} i \\ -1 \end{pmatrix}$, $\lambda = \dfrac{1}{\sqrt{2}} - \dfrac{1}{\sqrt{2}} i$ のときに $t \begin{pmatrix} -i \\ 1 \end{pmatrix}$ である ($s \neq 0$, $t \neq 0$).

(2) $\begin{vmatrix} 1-\lambda & 1 \\ -4 & 1-\lambda \end{vmatrix} = 0$ を解くと，固有値は $\lambda = 1 \pm 2i$ となる．したがって，固有

ベクトルは，$\lambda = 1 + 2i$ のときに $s \begin{pmatrix} 1 \\ 2i \end{pmatrix}$, $\lambda = 1 - 2i$ のときに $t \begin{pmatrix} 1 \\ -2i \end{pmatrix}$ であ

る ($s \neq 0$, $t \neq 0$).

(3) $\begin{vmatrix} 1-\lambda & 5 \\ -3 & 1-\lambda \end{vmatrix} = 0$ を解くと，固有値は $\lambda = 1 \pm \sqrt{15} i$ である．したがって，

固有ベクトルは，$\lambda = 1 + \sqrt{15} i$ のときに $s \begin{pmatrix} 5 \\ \sqrt{15} i \end{pmatrix}$, $\lambda = 1 - \sqrt{15} i$ のときに

$t \begin{pmatrix} 5 \\ -\sqrt{15} i \end{pmatrix}$ である ($s \neq 0$, $t \neq 0$).

問 6.4　　p.118

(1) $\begin{vmatrix} 5-\lambda & 2 \\ 1 & 4-\lambda \end{vmatrix} = 0$ を解いて固有値は，$\lambda = 3, 6$ である．したがって，固有

ベクトルは，$\lambda = 3$ のときに $s \begin{pmatrix} 1 \\ -1 \end{pmatrix}$, $\lambda = 6$ のときに $t \begin{pmatrix} 2 \\ 1 \end{pmatrix}$ である ($s \neq$

0, $t \neq 0$). 次にこの固有ベクトルを用いて行列 $P = \begin{pmatrix} 1 & 2 \\ -1 & 1 \end{pmatrix}$ とその逆行列

$P^{-1} = \dfrac{1}{3} \begin{pmatrix} 1 & -2 \\ 1 & 1 \end{pmatrix}$ を作り，$\begin{pmatrix} 5 & 2 \\ 1 & 4 \end{pmatrix}$ を対角化すると，

$$P^{-1} \begin{pmatrix} 5 & 2 \\ 1 & 4 \end{pmatrix} P = \dfrac{1}{3} \begin{pmatrix} 1 & -2 \\ 1 & 1 \end{pmatrix} \begin{pmatrix} 5 & 2 \\ 1 & 4 \end{pmatrix} \begin{pmatrix} 1 & 2 \\ -1 & 1 \end{pmatrix} = \begin{pmatrix} 3 & 0 \\ 0 & 6 \end{pmatrix}$$

である．

(2) $\begin{vmatrix} -1-\lambda & 4 \\ -2 & 5-\lambda \end{vmatrix} = 0$ を解いて固有値は，$\lambda = 1, 3$ である．したがって，

固有ベクトルは，$\lambda = 1$ のときに $s \begin{pmatrix} 2 \\ 1 \end{pmatrix}$, $\lambda = 3$ のときに $t \begin{pmatrix} 1 \\ 1 \end{pmatrix}$ である

($s \neq 0$, $t \neq 0$). 次にこの固有ベクトルを用いて行列 $P = \begin{pmatrix} 2 & 1 \\ 1 & 1 \end{pmatrix}$ とその逆行

列 $P^{-1} = \begin{pmatrix} 1 & -1 \\ -1 & 2 \end{pmatrix}$ を作り，$\begin{pmatrix} -1 & 4 \\ -2 & 5 \end{pmatrix}$ を対角化すると，

$$P^{-1} \begin{pmatrix} -1 & 4 \\ -2 & 5 \end{pmatrix} P = \begin{pmatrix} 1 & -1 \\ -1 & 2 \end{pmatrix} \begin{pmatrix} -1 & 4 \\ -2 & 5 \end{pmatrix} \begin{pmatrix} 2 & 1 \\ 1 & 1 \end{pmatrix} = \begin{pmatrix} 1 & 0 \\ 0 & 3 \end{pmatrix}$$

である.

問 6.5　　p.118

(1) $\begin{vmatrix} -2-\lambda & 2 \\ 3 & -1-\lambda \end{vmatrix} = 0$ を解いて固有値は, $\lambda = 1$, -4 である. したがって,

固有ベクトルは, $\lambda = 1$ のときに $s\begin{pmatrix} 2 \\ 3 \end{pmatrix}$, $\lambda = -4$ のときに $t\begin{pmatrix} 1 \\ -1 \end{pmatrix}$ である

$(s \neq 0,\ t \neq 0)$. 次にこの固有ベクトルを用いて行列 $P = \begin{pmatrix} 2 & 1 \\ 3 & -1 \end{pmatrix}$ とその逆

行列 $P^{-1} = \dfrac{1}{5}\begin{pmatrix} 1 & 1 \\ 3 & -2 \end{pmatrix}$ を作り, $\begin{pmatrix} -2 & 2 \\ 3 & -1 \end{pmatrix}$ を対角化すると,

$$P^{-1}\begin{pmatrix} -2 & 2 \\ 3 & -1 \end{pmatrix} P = \frac{1}{5}\begin{pmatrix} 1 & 1 \\ 3 & -2 \end{pmatrix}\begin{pmatrix} -2 & 2 \\ 3 & -1 \end{pmatrix}\begin{pmatrix} 2 & 1 \\ 3 & -1 \end{pmatrix} = \begin{pmatrix} 1 & 0 \\ 0 & -4 \end{pmatrix}$$

したがって,

$$A^n = P\begin{pmatrix} 1 & 0 \\ 0 & -4 \end{pmatrix}^n P^{-1} = \begin{pmatrix} 2 & 1 \\ 3 & -1 \end{pmatrix}\begin{pmatrix} 1 & 0 \\ 0 & (-4)^n \end{pmatrix}\left\{\frac{1}{5}\begin{pmatrix} 1 & 1 \\ 3 & -2 \end{pmatrix}\right\}$$

$$= \frac{1}{5}\begin{pmatrix} 2+3(-4)^n & 2-2(-4)^n \\ 3-3(-4)^n & 3+2(-4)^n \end{pmatrix}$$

である.

(2) $\begin{vmatrix} 4-\lambda & -3 \\ 2 & -1-\lambda \end{vmatrix} = 0$ を解いて固有値は, $\lambda = 1$, 2 である. したがって,

固有ベクトルは, $\lambda = 1$ のときに $s\begin{pmatrix} 1 \\ 1 \end{pmatrix}$, $\lambda = 2$ のときに $t\begin{pmatrix} 3 \\ 2 \end{pmatrix}$ である

$(s \neq 0,\ t \neq 0)$. 次にこの固有ベクトルを用いて行列 $P = \begin{pmatrix} 1 & 3 \\ 1 & 2 \end{pmatrix}$ とその逆行

列 $P^{-1} = \begin{pmatrix} -2 & 3 \\ 1 & -1 \end{pmatrix}$ を作り, $\begin{pmatrix} 4 & -3 \\ 2 & -1 \end{pmatrix}$ を対角化すると

$$P^{-1}\begin{pmatrix} 4 & -3 \\ 2 & -1 \end{pmatrix} P = \begin{pmatrix} -2 & 3 \\ 1 & -1 \end{pmatrix}\begin{pmatrix} 4 & -3 \\ 2 & -1 \end{pmatrix}\begin{pmatrix} 1 & 3 \\ 1 & 2 \end{pmatrix} = \begin{pmatrix} 1 & 0 \\ 0 & 2 \end{pmatrix}$$

したがって,

$$A^n = P\begin{pmatrix} 1 & 0 \\ 0 & 2 \end{pmatrix}^n P^{-1} = \begin{pmatrix} 1 & 3 \\ 1 & 2 \end{pmatrix}\begin{pmatrix} 1 & 0 \\ 0 & 2^n \end{pmatrix}\begin{pmatrix} -2 & 3 \\ 1 & -1 \end{pmatrix}$$

$$= \begin{pmatrix} -2 + 3 \cdot 2^n & 3 - 3 \cdot 2^n \\ -2 + 2^{n+1} & 3 - 2^{n+1} \end{pmatrix}$$

である.

(3) $\begin{vmatrix} -3 - \lambda & 2i \\ -2i & -1 - \lambda \end{vmatrix} = 0$ を解いて固有値は, $\lambda = -2 \pm \sqrt{3}$ である. したがって

固有ベクトルは, $\lambda = -2 + \sqrt{3}$ のときに $s \begin{pmatrix} 2i \\ 1 + \sqrt{3} \end{pmatrix}$, $\lambda = -2 - \sqrt{3}$ のときに

$t \begin{pmatrix} 2i \\ -1 + \sqrt{3} \end{pmatrix}$ である ($s \neq 0,\ t \neq 0$).

問 6.6　　p.118

(1) 実際に計算してみると. $n = 1$ で $\begin{pmatrix} 1 & 1 \\ 0 & \dfrac{1}{2} \end{pmatrix}$, $n = 2$ で $\begin{pmatrix} 1 & \dfrac{3}{2} \\ 0 & \left(\dfrac{1}{2}\right)^2 \end{pmatrix}$, $n = 3$

で $\begin{pmatrix} 1 & \dfrac{7}{4} \\ 0 & \left(\dfrac{1}{2}\right)^3 \end{pmatrix}$, $n = 4$ で $\begin{pmatrix} 1 & \dfrac{15}{8} \\ 0 & \left(\dfrac{1}{2}\right)^4 \end{pmatrix}$ $\cdots$ となる. 1 行 2 列の要素は,

$1, \dfrac{3}{2}, \dfrac{7}{4}, \dfrac{15}{8}, \ldots$ で, 分母と分子はそれぞれ (分母) $= 2^{n-1}$, (分子) $= 2^n - 1$

である. したがって $\begin{pmatrix} 1 & 1 \\ 0 & \dfrac{1}{2} \end{pmatrix}^n = \begin{pmatrix} 1 & 2 - \dfrac{1}{2^{n-1}} \\ 0 & \left(\dfrac{1}{2}\right)^n \end{pmatrix}$ である.

(2) $\displaystyle \lim_{n \to \infty} \begin{pmatrix} 1 & 2 - \dfrac{1}{2^{n-1}} \\ 0 & \left(\dfrac{1}{2}\right)^n \end{pmatrix} = \begin{pmatrix} 1 & 2 \\ 0 & 0 \end{pmatrix}$

練習問題　　p.119

6-1

(1) $(-6 - \lambda)^2 - 9 = 0$ を解いて, 固有値は, $\lambda = -3, -9$ である. したがって, 固有ベクトルは, $\lambda = -3$ のときに $s \begin{pmatrix} 1 \\ 1 \end{pmatrix}$, $\lambda = -9$ のときに $t \begin{pmatrix} 1 \\ -1 \end{pmatrix}$ である ($s \neq 0,\ t \neq 0$).

(2) $(1 - \lambda)(2 - \lambda) - 12 = 0$ を解いて, 固有値は $\lambda = -2, 5$ である. したがって, 固有ベクトルは, $\lambda = -2$ のときに $s \begin{pmatrix} 1 \\ -1 \end{pmatrix}$, $\lambda = 5$ のときに $t \begin{pmatrix} 3 \\ 4 \end{pmatrix}$ である ($s \neq 0,\ t \neq 0$).

(3) $-\lambda(1-\lambda)-6=0$ を解いて，固有値は $\lambda=-2,\ 3$ である．したがって，固有ベクトルは，$\lambda=-2$ のときに $s\begin{pmatrix}-3\\2\end{pmatrix}$，$\lambda=3$ のときに $t\begin{pmatrix}1\\1\end{pmatrix}$ である $(s\neq0,\ t\neq0)$．

(4) $(1-\lambda)^2+6=0$ を解いて，固有値は，$\lambda=1\pm\sqrt{6}i$ である．したがって，固有値ベクトルは，$\lambda=1+\sqrt{6}i$ のときに $s\begin{pmatrix}-\sqrt{6}i\\2\end{pmatrix}$，$\lambda=1-\sqrt{6}i$ のときに $t\begin{pmatrix}\sqrt{6}i\\2\end{pmatrix}$ である $(s\neq0,\ t\neq0)$．

(5) $(3-\lambda)(1-\lambda)-2=0$ を解いて，固有値は．$\lambda=2\pm\sqrt{3}$ である．したがって，固有ベクトルは，$\lambda=2+\sqrt{3}$ のときに $s\begin{pmatrix}\sqrt{2}i\\\sqrt{3}-1\end{pmatrix}$，$\lambda=2-\sqrt{3}$ のときに $t\begin{pmatrix}\sqrt{2}i\\-\sqrt{3}-1\end{pmatrix}$ である $(s\neq0,\ t\neq0)$．

(6) $(2-\lambda)^2+3=0$ を解いて，固有値は，$\lambda=2\pm\sqrt{3}i$ である．したがって，固有ベクトルは，$\lambda=2+\sqrt{3}i$ のときに $s\begin{pmatrix}3\\-\sqrt{3}i\end{pmatrix}$，$\lambda=2-\sqrt{3}i$ のときに $t\begin{pmatrix}3\\\sqrt{3}i\end{pmatrix}$ である $(s\neq0,\ t\neq0)$．

6-2

(1) $(0.8-\lambda)^2-0.04=0$ を解くと，固有値は，$\lambda=1,\ 0.6$ となる．したがって，固有ベクトルは，$\lambda=1$ のときに $s\begin{pmatrix}1\\1\end{pmatrix}$，$\lambda=0.6$ のときに $t\begin{pmatrix}1\\-1\end{pmatrix}$ である $(s\neq0,\ t\neq0)$．

(2) 固有ベクトルを縦に並べて，$P=\begin{pmatrix}1&1\\1&-1\end{pmatrix}$，逆行列は $P^{-1}=\dfrac{1}{2}\begin{pmatrix}1&1\\1&-1\end{pmatrix}$ である．

(3) $P^{-1}AP=\dfrac{1}{2}\begin{pmatrix}1&1\\1&-1\end{pmatrix}\begin{pmatrix}0.8&0.2\\0.2&0.8\end{pmatrix}\begin{pmatrix}1&1\\1&-1\end{pmatrix}=\begin{pmatrix}1&0\\0&0.6\end{pmatrix}$

(4) $A^n=P\begin{pmatrix}1&0\\0&(0.6)^n\end{pmatrix}P^{-1}$

$=\dfrac{1}{2}\begin{pmatrix}1&1\\1&-1\end{pmatrix}\begin{pmatrix}1&0\\0&(0.6)^n\end{pmatrix}\begin{pmatrix}1&1\\1&-1\end{pmatrix}=\dfrac{1}{2}\begin{pmatrix}1+(0.6)^n&1-(0.6)^n\\1-(0.6)^n&1+(0.6)^n\end{pmatrix}$

したがって，$\displaystyle\lim_{n\to\infty}A^n=\lim_{n\to\infty}\dfrac{1}{2}\begin{pmatrix}1+(0.6)^n&1-(0.6)^n\\1-(0.6)^n&1+(0.6)^n\end{pmatrix}=\dfrac{1}{2}\begin{pmatrix}1&1\\1&1\end{pmatrix}$ である．

6-3

(1) $-\lambda(2-\lambda)-3=0$ を解くと，固有値は，$\lambda=-1,\ 3$ となる．したがって，固有ベクトルは，$\lambda=-1$ のときに $s\begin{pmatrix}\sqrt{3}i\\3\end{pmatrix}$，$\lambda=3$ のときに $t\begin{pmatrix}-\sqrt{3}i\\1\end{pmatrix}$ である $(s\neq 0,\ t\neq 0)$.

(2) 固有ベクトルを使って，$P=\begin{pmatrix}\sqrt{3}i & -\sqrt{3}i\\3 & 1\end{pmatrix}$，逆行列は $P^{-1}=\dfrac{1}{4\sqrt{3}i}\begin{pmatrix}1 & \sqrt{3}i\\-3 & \sqrt{3}i\end{pmatrix}$ となる．

(3) $\dfrac{1}{4\sqrt{3}i}\begin{pmatrix}1 & \sqrt{3}i\\-3 & \sqrt{3}i\end{pmatrix}\begin{pmatrix}2 & -\sqrt{3}i\\\sqrt{3}i & 0\end{pmatrix}\begin{pmatrix}\sqrt{3}i & -\sqrt{3}i\\3 & 1\end{pmatrix}=\begin{pmatrix}-1 & 0\\0 & 3\end{pmatrix}$

(4) $P^{-1}AP=\begin{pmatrix}-1 & 0\\0 & 3\end{pmatrix}$ なのだから，

$$A^n=P\begin{pmatrix}(-1)^n & 0\\0 & 3^n\end{pmatrix}P^{-1}$$

$$=\begin{pmatrix}\sqrt{3}i & -\sqrt{3}i\\3 & 1\end{pmatrix}\begin{pmatrix}(-1)^n & 0\\0 & 3^n\end{pmatrix}\left\{\dfrac{1}{4\sqrt{3}i}\begin{pmatrix}1 & \sqrt{3}i\\-3 & \sqrt{3}i\end{pmatrix}\right\}$$

$$=\dfrac{1}{4\sqrt{3}i}\begin{pmatrix}\sqrt{3}i(-1)^n+\sqrt{3}i3^{n+1} & 3(-1)^{n+1}+3^{n+1}\\3(-1)^n-3^{n+1} & 3\sqrt{3}i(-1)^n+\sqrt{3}i3^{n+1}\end{pmatrix}$$

である．

6-4

(1) $(2-\lambda)(3-\lambda)-30=0$ を解くと，固有値は，$\lambda=-3,\ 8$ となる．したがって，固有ベクトルは，$\lambda=-3$ のときに $s\begin{pmatrix}1\\-1\end{pmatrix}$，$\lambda=8$ のときに $t\begin{pmatrix}5\\6\end{pmatrix}$ である $(s\neq 0,\ t\neq 0)$.

(2) 固有ベクトルを使って，$P=\begin{pmatrix}1 & 5\\-1 & 6\end{pmatrix}$，逆行列は $P^{-1}=\dfrac{1}{11}\begin{pmatrix}6 & -5\\1 & 1\end{pmatrix}$ となる．

(3) $\dfrac{1}{11}\begin{pmatrix}6 & -5\\1 & 1\end{pmatrix}\begin{pmatrix}2 & 5\\6 & 3\end{pmatrix}\begin{pmatrix}1 & 5\\-1 & 6\end{pmatrix}=\begin{pmatrix}3 & 0\\0 & 8\end{pmatrix}$

(4) $P^{-1}AP=\begin{pmatrix}3 & 0\\0 & 8\end{pmatrix}$ なのだから，

$$A^n=P\begin{pmatrix}3^n & 0\\0 & 8^n\end{pmatrix}P^{-1}=\dfrac{1}{11}\begin{pmatrix}6\cdot 3^n+5\cdot 8^n & -5\cdot 3^n+5\cdot 8^n\\-6\cdot 3^n+6\cdot 8^n & 5\cdot 3^n+6\cdot 8^n\end{pmatrix}$$

である．

6-5

前章の章末の問題 **5-10** では,$\begin{pmatrix} 0.9 & 0.3 \\ 0.1 & 0.7 \end{pmatrix}$ の n 乗を機械的に計算して(計算ソフトで)やがてどのような状態になるかを推測したが,ここでは,本章で展開した理論を用いて,最終形を計算することで導きだそう.

まずは,固有値と固有ベクトルを求めてみる.$\begin{vmatrix} 0.9 - \lambda & 0.3 \\ 0.1 & 0.7 - \lambda \end{vmatrix} = 0$ を解く

ことで,固有値は,$\lambda = 1,\ 0.6$ であり,固有ベクトルは $\lambda = 1$ のときに $s \begin{pmatrix} 3 \\ 1 \end{pmatrix}$,

$\lambda = 0.6$ のときに $t \begin{pmatrix} 1 \\ -1 \end{pmatrix}$ となる ($s \neq 0,\ t \neq 0$).そこで,行列 P とその逆行列を

$P = \begin{pmatrix} 3 & 1 \\ 1 & -1 \end{pmatrix}$,$P^{-1} = \dfrac{1}{4} \begin{pmatrix} 1 & 1 \\ 1 & -3 \end{pmatrix}$ として,与えられた行列を対角化すると,

$$P^{-1} \begin{pmatrix} 0.9 & 0.3 \\ 0.1 & 0.7 \end{pmatrix} P = \frac{1}{4} \begin{pmatrix} 1 & 1 \\ 1 & -3 \end{pmatrix} \begin{pmatrix} 0.9 & 0.3 \\ 0.1 & 0.7 \end{pmatrix} \begin{pmatrix} 3 & 1 \\ 1 & -1 \end{pmatrix} = \begin{pmatrix} 1 & 0 \\ 0 & 0.6 \end{pmatrix}$$

なので,

$$\begin{pmatrix} 0.9 & 0.3 \\ 0.1 & 0.7 \end{pmatrix}^n = P \begin{pmatrix} 1 & 0 \\ 0 & 0.6 \end{pmatrix}^n P^{-1}$$

$$= \begin{pmatrix} 3 & 1 \\ 1 & -1 \end{pmatrix} \begin{pmatrix} 1 & 0 \\ 0 & (0.6)^n \end{pmatrix} \left\{ \frac{1}{4} \begin{pmatrix} 1 & 1 \\ 1 & -3 \end{pmatrix} \right\} = \frac{1}{4} \begin{pmatrix} 3 + (0.6)^n & 3 - (0.6)^n \\ 1 - (0.6)^n & 1 + 3(0.6)^n \end{pmatrix}$$

したがって,$\displaystyle \lim_{n \to \infty} A^n = \lim_{n \to \infty} \frac{1}{4} \begin{pmatrix} 3 + (0.6)^n & 3 - (0.6)^n \\ 1 - (0.6)^n & 1 + 3(0.6)^n \end{pmatrix} = \frac{1}{4} \begin{pmatrix} 3 & 3 \\ 1 & 1 \end{pmatrix}$

となって,前章で展開した結果を導出できた.

なお,ここでも,この結果の注目すべきところをもう一度確認しておきたい.問題では都市部と農村部と同じ人口比からスタートしたが,最初,どのような人口比であろうと,設定の通りであれば $\dfrac{1}{4} \begin{pmatrix} 3 & 3 \\ 1 & 1 \end{pmatrix} \begin{pmatrix} a \\ b \end{pmatrix} = \dfrac{1}{4} \begin{pmatrix} 3(a+b) \\ a+b \end{pmatrix}$ となるので,最終的には $3:1$ で落ち着くということである.

6-6

$\begin{vmatrix} \cos\theta - \lambda & -\sin\theta \\ \sin\theta & \cos\theta - \lambda \end{vmatrix} = (\cos\theta - \lambda)^2 + \sin^2\theta = 0$ より,$\lambda^2 - 2\lambda\cos\theta + 1 = 0$

となる λ が固有値である.したがって,$\lambda = \cos\theta \pm i\sin\theta$ である.固有ベクトルは,$\lambda = \cos\theta + i\sin\theta$ のとき $s \begin{pmatrix} i \\ 1 \end{pmatrix}$,$\lambda = \cos\theta - i\sin\theta$ のとき $t \begin{pmatrix} -i \\ 1 \end{pmatrix}$ である

($s \neq 0,\ t \neq 0$).

インターリュード—≪ 間奏曲 ≫— Ⅱ

Ⅱ-1

（1）$|A| = -3$

（2）それぞれ，

$$\begin{pmatrix} 1 & 0 & 2 \\ 0 & 1 & 0 \\ 2 & 0 & 1 \end{pmatrix}\begin{pmatrix} 1 \\ 0 \\ 0 \end{pmatrix} = \begin{pmatrix} 1 \\ 0 \\ 2 \end{pmatrix}, \quad \begin{pmatrix} 1 & 0 & 2 \\ 0 & 1 & 0 \\ 2 & 0 & 1 \end{pmatrix}\begin{pmatrix} 0 \\ 1 \\ 0 \end{pmatrix} = \begin{pmatrix} 0 \\ 1 \\ 0 \end{pmatrix},$$

$$\begin{pmatrix} 1 & 0 & 2 \\ 0 & 1 & 0 \\ 2 & 0 & 1 \end{pmatrix}\begin{pmatrix} 0 \\ 0 \\ 1 \end{pmatrix} = \begin{pmatrix} 2 \\ 0 \\ 1 \end{pmatrix}$$

となる．これらを眺めると，x-y 平面と y-z 平面ではベクトルに変化はないが，x-z 平面で変化がある．そこで，x-z 平面について考えると（y 軸方向は考えない），この変換は，それぞれ $\begin{pmatrix} 1 \\ 0 \end{pmatrix} \to \begin{pmatrix} 1 \\ 2 \end{pmatrix}$，$\begin{pmatrix} 0 \\ 1 \end{pmatrix} \to \begin{pmatrix} 2 \\ 1 \end{pmatrix}$ という変換である．図にプロットすると以下である．ちなみに，図中の e はそれぞれの方向の単位ベクトルである（本文中の設定と同じである）．

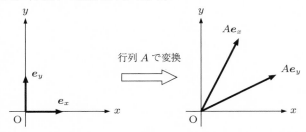

　すなわち，方向が保存されていない．したがって，ここからの寄与で行列式が負となったのである．

　もし，行列が $\begin{pmatrix} 1 & 0 & 2 \\ 0 & 1 & 0 \\ -2 & 0 & 1 \end{pmatrix}$ だったら x-z 平面での回転についても保存されることになる．なぜならば，x-z 平面において $\begin{pmatrix} 1 \\ 0 \end{pmatrix} \to \begin{pmatrix} 1 \\ -2 \end{pmatrix}$，$\begin{pmatrix} 0 \\ 1 \end{pmatrix} \to \begin{pmatrix} 2 \\ 1 \end{pmatrix}$ となるからである（読者各自で平面上にプロットして確かめてみよ）．事実，行列式についても $|A| = 5$ で正となる．

Ⅱ-2

（1）$\begin{pmatrix} a & b \\ c & d \end{pmatrix}\begin{pmatrix} 1 \\ 0 \end{pmatrix} = \begin{pmatrix} a \\ c \end{pmatrix}$，$\begin{pmatrix} a & b \\ c & d \end{pmatrix}\begin{pmatrix} 0 \\ 1 \end{pmatrix} = \begin{pmatrix} b \\ d \end{pmatrix}$

(2) 考えている事態は，以下のような図の位置関係になればよい．

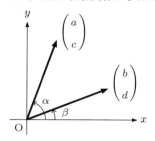

　このようになる場合，それぞれの角度について，$\cos\alpha < \cos\beta$（ただし角度は $0 \sim \dfrac{\pi}{2}$ である）が成立しているはずである．すなわち，$\dfrac{a}{\sqrt{a^2 + c^2}} < \dfrac{b}{\sqrt{b^2 + d^2}}$ となり，両辺を2乗すると，$a^2\left(b^2 + d^2\right) < b^2\left(a^2 + c^2\right)$ であり，$a^2 d^2 < b^2 c^2$ である．よって，$a^2 d^2 - b^2 c^2 < 0$ となり，$(ad - bc)(ad + bc) < 0$ である．

　さて，ここで a, b, c, d がすべて正であれば，$ad + bc > 0$ なのだから確かに $ad - bc < 0$ である．

　a のみが負であれば（すなわち，$\begin{pmatrix} a \\ c \end{pmatrix}$ が第2象限にある場合），$ad < 0$ となるはずだから，確実に $ad - bc < 0$ である（負から正を引き算したら負である）．

　a, c が負で2つのベクトルのなす角度が π 以下の場合（すなわち，$\begin{pmatrix} a \\ c \end{pmatrix}$ が第3象限にあって $\begin{pmatrix} b \\ d \end{pmatrix}$ との角度が鋭角の場合）については，$\left|\dfrac{a}{\sqrt{a^2 + c^2}}\right| > \left|\dfrac{b}{\sqrt{b^2 + d^2}}\right|$ となるので，$(ad - bc)(ad + bc) > 0$ となる．a, c が負ならば，$ad + bc < 0$ となるのだから（b, d は正なので，これは（負）＋（負）になっている），全体を正にするには $ad - bc < 0$ である．これ以外の場合は回転の方向は逆転しないので行列式は正となる．これもまたここで行った証明と同様の論法で確認できるであろう．また，角度 β が $\dfrac{\pi}{2}$ 以上であっても上記と同じように証明できることは明らかである．

　すなわち，回転の方向を保存しない行列の行列式は（ここでは2行2列しか行っていないが），負となる．

とりあえずの **あとがき**

　本書もまた，学術図書出版社の貝沼稔夫氏のご尽力の賜物である．2016 年 12 月 15 日（木）に筆者と偶然にも出会ってしまい——微分積分篇の後書きを参照（笑），未曾有の出版不況の中で筆者の本を 2 冊も作ることになった貝沼氏と学術図書出版社には本当に深く同情（←わっ！　間違えた！）感謝する次第である．

　とにかく筆者の頭はキッチリカッチリとはできていないのであって，前著の後書きにも書いたが，こういう大雑把な男の書いた本がそれなりの数学書になるには貝沼氏のようなとびきり優秀で素晴らしい編集者がどうしても必要なのである．本当に心から感謝している！

　前著と同様に本書は，これで完成ではない．さらに数回の改訂を経てよりよいものにしたいと思っている．また貝沼氏にご厄介になりそうだ．読者の皆さんからの率直なご意見もお聞かせいただければ幸いである．

　ところで，本書はこれが初版だが，じつは校正も何も行っていない原稿段階のものを製本しただけの原稿版が 70 部だけ存在し，2018 年度の後期はそれを用いて講義を行った．原稿版で講義を受けてくれた近畿大学の学生諸君にはここに改めて謝辞を記したい．その時の試行錯誤は本書に生きている．

　本書を私の近畿大学でのゼミ生と卒業生に捧げる．そしてまた，老齢の域に達した両親に捧げる．と同時に，学問などという世にもくだらんことに人生を捧げてしまい，半分世捨て人と化した息子であることを詫びたい．

　私はまだ，考え続け学問をし続けてはいる…．しかし，やがて，かような思惟は「下手な考え休むに似たり」で「及ばぬこと」となるのではないかと，薄々ながら感じ始めている．そんな年齢に私もなったのだが，もう少しだけ，前進してみようと思う．

2019 年早春　近畿大学にて

森川　亮

あとがき

　楽しい時間は瞬く間に過ぎてゆく・・・. このよく知られた感覚は哲学にとっても第一
級の問いとなる. しかし, 私はこの感覚を本当に知っていたのか？　そんなことをあら
ためて考えたくなる. それほどに, 本書の執筆を開始してから今日までの3年の月日は
あまりにも速かったとの感慨を抱かざるを得ない.

　その間, 1冊であったはずの計画は2冊となり, 微分積分篇と線形代数篇の2冊とし
て結実した. 学術図書出版社と同社の貝沼稔夫氏には本当に感謝してもしきれない. 本
当に楽しい時間をありがとうございました！

　本書は, 経済学や経営学（そして広くは社会科学）を学ぶ者を念頭に書かれている.
だが, 筆者のスタンスはハッキリと経済学・経営学に懐疑的である. またその理論への
数学の過度な利用に対してもことさら疑問を呈した筆致になっている. 詳細は読んでい
ただく他ないが, そういう意味において本書はかなり色の付いた書であり, 経済学と経
営学, そしてあまりにも皮相な現代社会に対する疑義申し立ての書でもある. 各方面か
らのご叱責とご教示を請いたい.

　この「あとがき」を書き終えてしばらくしたら, 筆者はまた物理学と哲学と思想の旅
に出ようと思っている. 芭蕉のようにはいかないだろうが, 道祖神に招かれて, 本書を
古庵の柱に立てかけて・・・.

　そして, なんとか無事に旅を終えて, いつか故郷に戻りたいなあ, などとも思って
いる.

　本書を故郷の父と母に捧げる.

2020年早春

森川　亮

索　引

著者紹介

森川　亮（もりかわ　りょう）

近畿大学経営学部 教養・基礎教育部門 准教授
1969 年 4 月 24 日，岐阜県岐阜市生まれ．

京都大学大学院人間・環境学研究科博士後期課程を経て Theoretical Physics Research Unit, Birkbeck College, University of London で Bohm-Hiley 理論を学ぶ．神奈川大学理学部非常勤講師，山形大学大学院理工学研究科准教授などを経て現職．

物理学の哲学・思想・歴史（その思想史），特に量子力学の解釈，なかでもボーム理論（Bohm-Hiley 理論）の専門家である．

しゃかいかがくけい　　　　　　　　　おうようすうがくにゅうもん
社会科学系のための鷹揚数学入門
—線形代数篇— ［改訂版］

2019 年 4 月 10 日	第 1 版	第 1 刷	発行
2020 年 4 月 10 日	第 2 版	第 1 刷	発行
2024 年 3 月 20 日	改訂版	第 1 刷	印刷
2024 年 4 月 10 日	改訂版	第 1 刷	発行

著　者　　森　川　　亮

発　行　者　　発　田　和　子

発　行　所　　株式会社　学術図書出版社

〒113−0033　東京都文京区本郷 5 丁目 4 の 6
TEL 03−3811−0889　振替 00110−4−28454
印刷　三和印刷 (株)

定価はカバーに表示してあります.

ⓒMORIKAWA, R.　2019, 2020, 2024
Printed in Japan
ISBN978−4−7806−1237−0　C3041